AF493592

# VOYAGE

# EN ORIENT.

IMPRIMERIE DE E.-J. BAILLY ET Cie,
PLACE SORBONNE, 2.

# VOYAGE

# EN ORIENT,

PAR M. DELAROIÈRE.

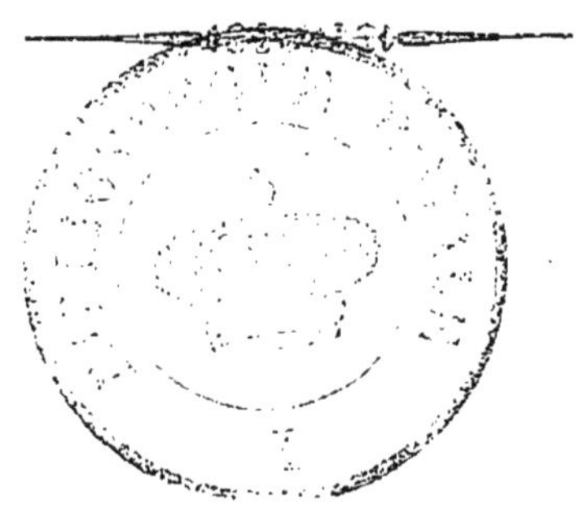

Paris,

DEBÉCOURT, LIBRAIRE-ÉDITEUR,

RUE DES SAINTS-PÈRES, 69.

M DCCC XXXVI.

# Aux Habitans d'Hondschoote.

CHERS COMPATRIOTES,

*Les témoignages nombreux d'affection et de confiance que j'ai reçus de vous dans tous les temps, soit comme homme public, soit comme homme privé, sont trop profondément gravés dans mon cœur pour que jamais je les oublie.*

*Aussi est-ce avec un bien vif empressement que je saisis l'occasion de la publication de mon Voyage en Orient, où votre amitié a bien voulu me suivre, pour rendre un hommage public à cette sympathie qui règne entre nos cœurs en vous priant d'agréer la dédicace de ce récit, dont le seul mérite est d'être vrai. C'est un bien faible gage de mes sentimens pour vous.*

*Votre dévoué ami,*

DELAROIÈRE.

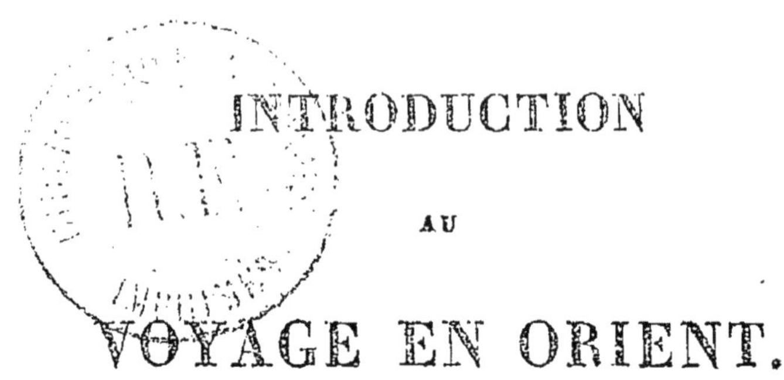

# INTRODUCTION AU VOYAGE EN ORIENT.

Cet itinéraire que je livre au public, a été entrepris sans préparation. Quand M. de Lamartine m'offrit de l'accompagner, je ne songeais pas le moins du monde à entreprendre quelque voyage que ce fût. Le désir de voir la Terre Sainte me détermina à accepter cette brillante proposition ; mais je ne pus, pendant le court espace de temps qui me restait avant le départ, me livrer à aucune recherche sur les lieux que j'allais parcourir, et me faire ainsi une provision de savoir que j'aurais appliqué à chaque pays à mesure que je les voyais. Je n'ai pas fait, depuis mon retour, ce que je n'avais pas fait avant de partir : j'ai pensé que la science acquise par l'étude, appliquée ainsi après coup, aurait peut-être nui à l'expression de la vérité, et j'ai avant tout le désir d'être vrai. Ainsi mes descriptions et mes réflexions seront celles d'un homme qui se trouve placé subitement devant des objets qui l'intéressent vivement, et dont il a entendu parler quelquefois d'une manière fort incomplète, mais qu'il ne comptait ni voir, ni admirer. Dans ces dispositions, j'ai quitté mon pays le 21 juin 1832 pour me rendre à Marseille, où M. de Lamartine avait fixé le rendez-vous du départ. J'ai fait peu de remarques sur ma route, car mon passage fut très rapide. En traversant Mâcon, je fus très heureux de pouvoir saluer la famille de celui que j'allais accompagner dans un voyage lointain, et sur qui les yeux de toute la France étaient fixés. M. de Parseval, ce compagnon de voyage dont les qualités du cœur me furent révélées dans la suite, partait ce même jour de Mâcon pour la même destination. Arrivé à Lyon, je m'empressai d'examiner cette seconde ville du royaume que je voyais pour la première fois, et pour la saisir dans tout son ensemble, je me rendis à Fourvières ; je fus saisi d'admiration à la vue de ces rivières et de ces beaux quais, de ces places et de l'étendue de la ville ; mais c'était de ce genre d'admiration qu'on ressent à l'aspect d'un grand et magnifique atelier où tout est construit pour l'utile, et où il n'y a pas de luxe perdu, et Fourvières même, emplacement célèbre d'un pèlerinage fréquenté, n'est pas étranger au style de la ville. Le chemin qui conduit à la chapelle est bordé de maisons qui vous renvoient les cris et les gémissemens de mille métiers, et les soins de ce monde vous étourdissent même sur les degrés de cet oratoire où l'on va chercher des forces et des consolations contre ses soucis et ses peines. Marseille m'enchanta davantage ; là je trouvai monsieur et madame de Lamartine occupés activement des préparatifs du départ, au milieu de l'accueil brillant et distingué que les habitans de la ville leur faisaient. Nous commençâmes d'abord par nous reconnaître un peu, car, excepté M. de Lamartine qui était un lien commun, nous étions tous étrangers les uns aux autres. Je n'étais pas fâché que notre séjour dans cette capitale du midi se prolongeât de quelques jours, pour l'examiner ainsi que ses habitans, dont j'avais toujours conservé une impression désavantageuse, que le raisonnement avait effacée, mais que le cœur gardait encore ; cette impression était due au chant de la Marseillaise (ce délire de la fureur et du sang), qui avait fait l'effroi de mon enfance. Je fus donc agréablement surpris d'y trouver en général les habitans bons, serviables, dévoués, d'y rencontrer les vertus sociales qui rendent la vie plus douce ; mais ce dont mes yeux ne cessaient d'être surpris, c'était de voir cette allure vive, ce geste animé, cette expression prompte de la figure de ce peuple ; de voir l'esprit de saillie et d'à-propos courir en quelque sorte les rues, tandis que je n'étais habitué qu'au calme, à la lenteur et à la paresse d'esprit du peuple dans le nord : je me demandai lequel vaut le mieux, ou celui qui dépense son activité, son énergie sans nécessité, souvent même sans utilité, ou bien celui qui rend ses forces inutiles, parce que, par sa lenteur, il ne sait pas les employer à temps ; l'un, plus prompt à la colère, à la vengeance, est aussi plus prompt à se dévouer ; l'autre, plus difficile à s'émouvoir dans tous les sens, rend par là son dévouement comme ses passions sans grand effet. Si l'on pouvait joindre l'activité pour le bien à la lenteur au mal, ce serait là la chose désirable. A Marseille comme à Lyon, c'est encore le commerce qui anime tout ; mais quelle différence ! l'activité de Lyon est triste, monotone, sédentaire ; ici tout est gai, animé, varié : cet assemblage de nations diverses, la mer avec ses orages, ses dangers, et cette communication d'idées dont elle est le véhicule, tout cet ensemble fait naître des pensées de grandeur et de liberté, tandis que les filatures et toutes ces mécaniques qui tournent toujours dans une même direction circonscrite, ne font naître que des idées de dépendance et d'esclavage : un moteur unique, tout le reste machine obéissante et passive, perfection de l'industrialisme. Combien est triste la puissance de l'homme, qui ne peut créer le mouvement et se le soumettre que dans un cercle étroit et fatal! combien sa plus grande œuvre est petite, et combien est petit aussi le marche-pied que le monde offre pour le grandir! ses rapports avec l'intelligence suprême peuvent seuls l'élever à sa grandeur véritable et lui faire recouvrer sa dignité perdue; rien ne tend à l'éloigner davantage de cette intelligence variée et simple que la vue de l'éternelle répétition d'une chose uniforme.

Marseille offrait à notre esprit une variété très grande d'impressions; souvent nous nous promenions sur le port, sur ce port si mobile, si animé, et chaque fois nous étions frappés, au milieu de la joie de cette foule de matelots qui jouissaient avec abandon de la douceur d'être à terre, de l'aspect sombre et triste que nous présentait le rocher grisâtre qui porte le château d'If, demeure aride et solitaire des prisonniers d'état. Ce château, qui semble sortir des flancs du rocher, permet au prisonnier de voir, à deux pas de lui, le mouvement et la vie sans pouvoir en jouir. Nous désirions vivement le visiter de près, une barque de six rameurs nous y conduisit : c'était pour la première fois que j'allais me confier à cette mer que mes yeux avaient si souvent admirée ; cela doubla le plaisir du voyage ; nous aperçûmes l'uniforme et le poli des armes des sentinelles placées aux angles et dans les recoins des bastions, briller sur cette masse grisâtre et y donner la seule vie en harmonie avec ce lieu de désespoir. Notre barque nageait autour de ce rocher sinueux, ridé, excavé, qui était plutôt caressé que battu par les vagues calmes et molles qui l'embrassaient ; et quand la mer en furie le menace et semble vouloir l'engloutir, il reste toujours inébranlable et ne paraît pas plus ému des menaces que touché des caresses de sa capricieuse voisine. La nuit arriva que nous étions encore à examiner ce lieu d'une tristesse éternelle, qui ne nous suggéra que des idées de résignation fatale : il fallait songer au retour, notre proue fut dirigée vers le rivage, et nous fûmes témoins d'un spectacle tout opposé. Ce jour-là était une fête pour Marseille, c'était l'anniversaire de la cessation de la peste : les nombreuses guinguettes placées sur le bord de la mer nous renvoyaient les sons tantôt harmonieux, tantôt éclatans, des voix et des instrumens ; la gaîté régnait sans réserve dans ces lieux, de nombreuses lumières scintillaient sur la mer, tout était joie, tout était vie. Balancé doucement sur ces flots obscurs, presque couvert encore de l'ombre sévère du château d'If, j'étais en proie à des sensations si contrastantes, si mêlées, si indécises, qu'il est impossible de les rendre. Les lieux de promenade dans Marseille, plantés d'allées d'arbres, sont beaux et très fréquentés ; le soir on y va respirer un air frais que le jour refuse souvent ; et cette jouissance n'appartient pas seulement aux riches et aux oisifs, le pauvre et l'ouvrier viennent également s'y délasser de la chaleur du jour et de la fatigue de leur travail. Aucun monument dans la ville ne m'a particulièrement frappé, les maisons sont bien bâties et bâties même avec luxe, mais il ne s'y trouve aucun de ces grands travaux, de ces travaux qui font saillie dans une ville ,qui lient par leur position ou leur grandeur la terre au ciel. Pour voir quelque chose qui réponde à cette idée, il faut aller à Notre-

Dame de la Garde : j'y fus un dimanche, je voulais une dernière fois demander la protection à celle que le besoin d'appui et la faiblesse de l'homme a fait nommer le secours des chrétiens. Je partis pour m'y rendre à six heures du matin. Le chemin qui conduit à la chapelle monte assez rapidement ; en m'élevant, je découvris successivement la mer et les rochers contre lesquels les flots viennent mourir, les montagnes de l'intérieur et les paysages variés ; je planais ensuite sur toute la ville de Marseille et sur son port aux mille voiles. Le cœur se dispose si bien à la prière par la vue de cette magnificence éblouissante. Que la position de Notre-Dame de la Garde est différente de celle de la chapelle de Fourvières ! Une foule nombreuse allait comme moi invoquer celle qui comprend toutes les douleurs et qui compatit à toutes les peines ; l'intérieur de la chapelle était plein, pas le plus petit coin ne restait sans être occupé ; des cierges sans nombre environnaient l'autel, l'encens fumait en abondance, les voix des fidèles chantaient des cantiques de louanges, les prêtres avec des ornemens blancs festonnés d'or officiaient lentement ; une joie inexprimable inondait mon cœur, mes larmes coulaient et je priais avec ardeur cette vierge puissante, cette mère de Dieu, d'être ma protectrice, de veiller sur moi et sur tous mes amis ; je la suppliais de ne m'abandonner jamais dans le voyage souvent amer de la vie, de songer à moi dans les momens même où d'autres soins, d'autres pensées, m'éloigneraient d'elle et de son divin Fils. Pourquoi ne peut-on pas toujours sentir ce besoin d'appui et cette confiance dans l'appui qu'on demande? que la vie alors serait belle, désintéressée et indépendante! Combien il est doux de se réfugier dans le cœur d'une mère, de la mère de Dieu, de s'y réfugier avec le sentiment d'un abandon entier! quelles forces on y puise! Pendant que j'étais à prier et à contempler cette foule unie dans un même esprit et une même foi, le souvenir de toutes les belles fêtes du christianisme qui avaient enivré mon enfance revint à ma mémoire, et j'accumulai ainsi les joies pures de tout une vie.

Je quittai cette chapelle avec confiance, le repos dans le cœur, et jamais aucune pensée inquiète ne me troubla plus pendant mon voyage.

# VOYAGE

# EN ORIENT.

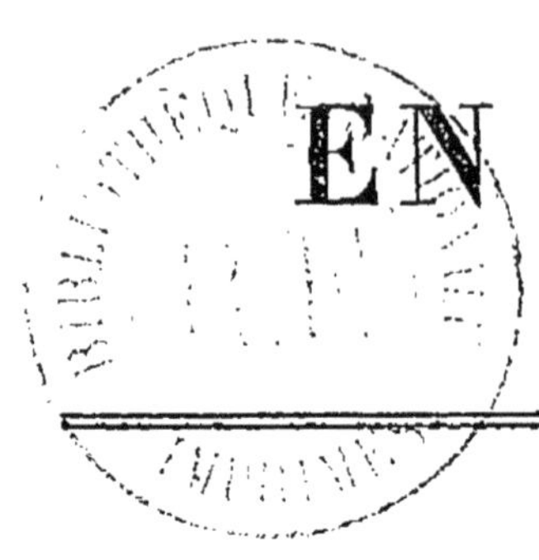

## I

**Embarquement. — Déjeuner d'adieu. — Première nuit passée à la mer. — La Ciotat. — Prière. — La baie de la Palme.**

Le 10 juillet, au matin, nous nous embarquâmes à Marseille où le rendez-vous du départ avait été fixé, sur le brick l'Alceste, capitaine Blanc. Ce brick avait été frété par M. de Lamartine pour son voyage d'Orient.

M. Bruno-Rostan, armateur, et plusieurs de ses amis, ainsi que des amis de M. de Lamartine, au nombre d'environ cinquante montés dans différentes embarcations, vinrent nous accompagner en rade pour assister au déjeuner du départ. Ce déjeuner est une solennité presque obligée pour chaque navire partant ; une tourte à l'huile et aux anchois est le plat de cérémonie, comme dans beaucoup de pays, la dinde pour le réveillon de Noël.

Le repas fut bruyant et gai, chacun s'empressait d'adresser une dernière parole à celui qu'il devait quitter, et à se faire une provision de souvenirs pour l'absence; mais bientôt le capitaine, donnant le signal du départ, on fit les souhaits d'un bon voyage et d'un heureux retour.

Tout ce monde se réunit dans ses embarcations pour aller se reposer au foyer domestique, et nous, nous allions commencer un voyage lointain, exposés à tous les travaux.

L'ancre levé, nous essayâmes de sortir du golfe sans pouvoir réussir, et nous vînmes mouiller à Andeaume. C'était la première nuit que j'allais passer sur mer. Quand, retiré dans ma chambre et couché dans mon hamac, au milieu du silence, j'entendis le flot battre à mon oreille et frapper d'un bruit uniforme et continuel la planche qui me séparait de lui, je fus saisi d'un frisson involontaire; je délibérais si je ne monterais pas sur le pont près du matelot de garde, pour y respirer plus à mon aise et avoir au moins un compagnon dans cette solitude. La nécessité de me faire à ma nouvelle position et peut-être aussi un peu de mauvaise honte me retinrent, et la monotonie de la vague finit par m'endormir.

A trois heures du matin on appareilla par une brise de terre; mais arrivés en mer, les vents contraires nous firent relâcher à la Ciotat. Nous jetâmes l'ancre à l'endroit même où avait mouillé le Carlo-Alberto. Combien étaient différentes nos craintes et nos espérances de celles des passagers de ce bâtiment !

Nos marins, qui pour la majeure partie étaient de cette ville, se trouvèrent, sans l'avoir espéré, au milieu de leurs familles, et jouirent de tout leur cœur de ce bonheur inattendu.

Le 14 au matin, par un beau ciel et une mer presque calme, nous nous remîmes en voyage; les côtes de France fuyaient lentement derrière nous; nous quittions cette France où tant d'ambitions se croisent, où tant de petits projets occupent des hommes sérieux; nous allions goûter à l'abri de toutes ces passions mesquines, ce calme inconnu sur la terre que donnent l'isolement et l'étendue sans fin de la mer. Quelques blanches voiles et quelques goëlands parlaient seuls dans ce silence et étaient les seuls jalons qui pouvaient aider à mesurer cette immensité.

Tout ce que vous voyez sur la mer distrait et fait plaisir; il y a là tant d'espace, que rien de ce que vous y rencontrez ne peut être pour vous un obstacle à votre marche ou une gène à votre liberté.

Ainsi je passais ce premier jour tout à mes nouvelles impressions. Au coucher du soleil, quand le ciel, parsemé de poussière d'or et l'horizon en feu, luisait sur une mer du plus bel azur, on sonna la prière; les matelots réunis entonnèrent une invocation à la Vierge. Ce point dans l'immensité sur lequel on se trouve, cet abîme sans fond dont vous êtes à peine séparé, et le murmure des vagues qui vous entoure, font un accompagnement sublime à ces voix graves d'hommes qui prient; là vous êtes avec Dieu face à face, vous ne trouvez plus d'intermédiaire entre vous et lui, aucun temple ne renferme celui qui renferme tout; ni l'or, ni la puissance, ni le savoir, ne peuvent donner à l'homme le vent qui le conduit, ni chasser l'orage qui gronde, rien ne peut donc enfler son orgueil. On ne prie pas ainsi sur la terre.

La prière finissait à peine, que nous vîmes poindre la lune; une petite bande rouge paraissait à l'horizon et semblait sortir des flots; cette bande augmentait peu à peu, et au bout de quelque s instans, la lune tout entière sortit toute rouge et toute grande, comme honteuse de voir qu'on la surprenait à son réveil. Mais s'élevant plus haut, on eût dit qu'elle se rassurait; elle devint blanche et éclatante, et envoyait devant elle sur la mer un long reflet mobile et argenté.

Nous allâmes ainsi avec ce temps presque calme jusqu'en vue des côtes de Sardaigne. Alors le vent augmenta et la mer devint extrêmement houleuse; nous nous réfugiâmes dans le golfe de Saint-Antioche; mais le vent du nord prenant plus de violence, empêcha le brick de prendre le mouillage, ce qui nous força de sortir du golfe, et doublant l'île Saint-Antioche, nous jetâmes l'ancre dans la baie de la Palme. Le lendemain matin, nous descendîmes à terre; la plage était unie, marécageuse et couverte de sabines et d'autres plantes communes; plus loin, des montagnes boisées bornaient l'horizon; de nombreux chevaux sauvages paissaient en liberté dans des pâturages voisins. Les habitans, couverts de peaux de mouton, et portant un fusil en bandoulière, mènent une vie presque sauvage; malheur à l'étranger isolé qui descend sur ce rivage inhospitalier, la mort l'attend presque toujours. Dans notre France, qui pourrait croire qu'on trouve encore la barbarie en Europe? cela n'est cependant que trop vrai, et la Sardaigne n'est pas seule à offrir cet affligeant spectacle. Que de bien, pensais-je, ne pourrait pas faire là un gouvernement qui se croirait institué pour le faire! combien ne pourrait-il pas améliorer la position morale et matérielle de ces hommes! Mais à présent quels sont les gouvernemens qui pensent à cela? ils vivent au jour le jour, songent à défendre leur existence, et sont sans foi dans l'avenir. Tout ce qu'ils font est stérile, et les mains qui élèvent l'édifice, sont souvent écrasées dans sa chute : édifices sans ciment et sans durée.

Le vent perdant de sa violence, nous sortîmes du golfe et nous nous portâmes sur le cap Bon et de là sur Malte; la mer é ait r edevenue paisible : c'était cependant cette mer calme et silencieuse, qui jadis avait été sillonnée par les flottes nombreuses des Romains et des Carthaginois. Alors tous les yeux étaient fixés sur les débats de ces deux nations rivales; plus tard, un zèle pieux poussa les croisés sur ces mêmes ondes, et de nouveau tout le monde connu fut en mouvement. De ces grands projets, de ces gigantesques entreprises, qu'en reste-t-il? un murmure confus, quelques pierres méconnaissables, çà et là éparses sur les rivages, sur lesquelles on dispute. Voilà donc ce que peut l'homme, et la mer roule ses flots comme autrefois, sa couleur est restée bleue et son ciel est le même.

# II

## Malte.

En arrivant à Malte, nous espérâmes entrer de suite dans cette ville qui, placée entre l'orient et l'occident, sert, en quelque sorte, de point intermédiaire entre les deux continens et présente quelque chose des deux civilisations. Notre espoir fut trompé et l'on nous obligea de mouiller dans le port de quarantaine, où nous devions, comme de nouveaux Tantales, nous contenter pendant cinq jours de voir à distance ce que nous eussions voulu toucher.

Le conseil sanitaire, sur l'invitation du gouverneur, réduisit, en considération de M. de Lamartine, notre quarantaine à trois jours. Pendant ces trois jours, nous ne pûmes nous lasser d'admirer ces maisons placées en amphithéâtre, toutes à balcons et à terrasses, et ces quais couverts d'habitans au costume pittoresque et au geste animé, entremêlés de graves Anglais se promenant lentement et par famille ; et quand arrivait le soir, ces maisons, si vivement éclairées par le soleil, se couvraient d'ombres peu à peu, et le bruit et le mouvement des quais firent place au silence et au repos.

Les terrasses et les fenêtres s'éclairaient de nombreuses lumières, qui se réfléchissaient sur l'eau. La vie qui avait été au dehors se concentrait au dedans avant de s'éteindre. Mais avant ce repos absolu, des chants graves s'élevèrent des bâtimens grecs et annoncèrent la prière du soir. Au même temps des Napolitains, sur des bâtimens de leur nation, faisaient entendre des improvisations; une voix déclamait un récitatif, auquel tout l'équipage répondait en chœur. Ces chants durèrent pendant deux heures, après quoi tout rentra dans l'obscurité et le silence. Alors nous vîmes la mer devenir lumineuse; chaque petite vague qui se brisait, soit contre la grève, soit contre les bâtimens, laissait échapper comme une traînée de feu; de temps en temps, les cris des factionnaires anglais annonçaient les heures. Nous méditions dans ce silence si rarement interrompu, quand un bruit de rame, égal et monotone, vint fixer notre attention. Un canot glissait dans cette obscurité avec le moins de bruit possible, une lanterne sourde éclairait à demi un homme enveloppé dans un manteau. Nous eussions cru avoir devant les yeux une apparition mystérieuse, si nous n'avions reconnu le canot de ronde, qui conduisait l'officier cherchant à surprendre les factionnaires négligens et endormis.

Enfin le moment de pouvoir débarquer arriva. Aussitôt que je fus à terre, j'examinai avec curiosité ces hommes avec leur teint brûlé par le soleil, et leurs yeux noirs et perçans ; tous ces regards ne paraissaient exprimer la bienveillance que par contrainte, la trahison et la vengeance paraissaient toujours prêtes à s'y réveiller ; du reste, rien que cette simple inspection ne m'a autorisé à porter un pareil jugement. Les femmes, sans être jolies, ont un regard dévorant et fier : baisser les yeux doit leur être inconnu. Elles portent une mantille noire qu'elles savent ajuster d'une manière piquante.

Le peuple maltais est soumis au gouvernement colonial anglais. Ce gouvernement est despotique, mais n'est pas intolérable. Les droits politiques, l'administration civile et judiciaire sont entre les mains des Anglais et exercés par eux ; mais, en revanche, ils laissent au peuple toutes ses habitudes, ses préjugés et ses croyances, les favorisent même. Parmi ce peuple tout catholique, ils n'ont pas voulu prendre la plus petite église pour en faire un temple réformé ; ils ont même poussé l'attention si loin, que le temple qu'ils ont construit ne diffère, à l'extérieur, en rien des maisons ordinaires, afin de ne pas même blesser les yeux de leurs sujets catholiques. Les relations que le gouverneur entretient avec l'évêque sont très honorables pour ce dernier. Les jours de fête, les officiers conduisent à l'église, avec beaucoup de décence, les soldats maltais et irlandais catholiques. Enfin, ces dominateurs des mers prennent un soin très grand à ne choquer en rien tout ce qui est croyance ou préjugé. Ce joug ne doit pas paraître lourd aux habitans quand ils le comparent avec celui que les chevaliers faisaient peser sur eux. A présent le despotisme n'est qu'un, alors il était multiple; chaque chevalier était vis-à-vis d'eux comme un véritable satrape, et c'était chose presque inouie qu'un simple habitant pût obtenir justice contre le plus petit membre de l'ordre.

Jadis, avant que les chevaliers prissent possession de Malte, il existait différens conseils particuliers et un conseil général choisis par le peuple : ces conseils administraient l'île. Le souvenir de cet état de choses n'est pas perdu, et souvent les Maltais se sont adressés à leurs différens maîtres sans en rien obtenir, pour qu'on leur accordât de nouveau une part dans l'administration, et je doute que la pétition qu'ils signent en ce moment pour être adressée au gouvernement anglais réussisse mieux que par le passé : les libertés ne s'accordent qu'à ceux qui peuvent les prendre, et ils ne sont pas en mesure.

Quand notre quarantaine de trois jours fut finie, nous sortîmes d'un port pour entrer dans l'autre; près de ces deux ports sont réunies la cité La Valette, la Florianne, la cité Vieille et la cité Victorieuse. Ces diverses cités ne forment, en quelque sorte, qu'une seule ville qui n'a pas de nom. Ses rues sont bien pavées, mais peu larges, et souvent d'une pente tellement rapide, qu'on a dû y placer des escaliers pour établir les communications : c'est cette irrégularité du terrain qui donne cet aspect pittoresque aux maisons, quand on les examine du port de la quarantaine. Ces maisons sont généralement bien bâties et ornées; mais ce qu'on remarque entre toutes choses, ce sont l'église de Saint-Jean, le palais du grand-maître et les fortifications.

L'église de Saint-Jean, ou la cathédrale, est un bâtiment d'une architecture grecque très simple; l'intérieur est divisé en trois nefs. La voûte de la nef du milieu, admirablement peinte par le *Calabrois,* est soutenue par des piliers carrés en marbre noir, décorés des armes de l'ordre; les tableaux de la voûte sont encadrés dans des sculptures dorées extrêmement riches; le pavement, formé de pierres sépulcrales exécutées en mosaïque, répond parfaitement bien à la richesse du reste de l'édifice. Au dessous du maître-autel est un caveau qui renferme le tombeau de cinq ou six grands-maîtres; notamment celui de Villier de l'Ile-Adam et de La Valette.

Les nefs latérales sont divisées en chapelles particulières; chaque langue avait la sienne où ses armoiries sont taillées dans la pierre de manière à former une espèce de tapisserie dorée qui recouvre les murailles. Là elle se réunissait pour choisir les députés qui allaient concourir à la nomination du grand-maître, nomination qui se faisait dans une grande chapelle qui se trouve à droite en entrant, et où l'on remarque une balustrade en argent, de six pieds de hauteur; à l'extrémité de la nef de droite, est une décollation de saint Jean du Caravage, le tableau le plus remarquable qu'on trouve à Malte. L'ensemble de cette église, qui est d'une richesse et d'une grande magnificence, n'exclut cependant pas un air de simplicité.

Le palais du grand-maître peut être comparé aux plus

beaux palais. On monte dans l'intérieur par un escalier en pierres, dont la pente est si douce, qu'on pourrait, sans le moindre danger, le monter ou le descendre à cheval. Les galeries des tableaux sont très riches en nombre ; quelques uns, cependant, sont très précieux ; mais une des salles des plus intéressantes à voir, quoiqu'une des plus simplement ornées, est celle où les chevaliers étaient réunis quand ils ont signé cet arrêt de leur mort, cette capitulation honteuse qui les a livrés à Bonaparte. Quand on réfléchit sur le luxe de cette église, de ce palais du grand-maître et des autres palais des chevaliers, qui se trouvent dans l'île ; quand on pense que ces chevaliers avaient fait vœu de pauvreté et d'humilité, on voit que cet ordre, en signant sa mort entre les mains de Bonaparte, n'a fait qu'écrire un billet d'enterrement, car déjà il n'était plus. Quand une institution est dégénérée à ce point, ce n'est plus elle qui existe, ce n'est plus qu'un cadavre : la vie s'en est retirée. Qui pouvait reconnaître, dans ces hommes vivant dans le luxe et l'opulence, et offrant en spectacle les vices que ce genre de vie entraîne après lui, qui pouvait reconnaître, dis-je, ces chevaliers hospitaliers soignant les pauvres, défendant les pélerins et ne quittant l'armure des guerriers que pour se vouer aux soins obscurs de garde-malades ?

Une chose qui m'a encore frappé, en visitant ces monumens, c'est le soin tout particulier que prennent leurs nouveaux possesseurs de conserver intactes toutes ces armoiries, tous ces emblêmes d'un autre âge, tous ces titres de gloire de nations souvent rivales. Ils ne sont donc pas comme nous, ils ne se croient pas assez riches de leur présent pour effacer et détruire le passé. A côté de leur gloire d'aujourd'hui, ils estiment qu'il y a encore assez de place pour la gloire d'autrefois. Nulle part le marteau de leurs maçons n'a détruit la pierre pour y placer un emblême nouveau, ni la brosse de leurs barbouilleurs n'a placé une couleur moderne sur une peinture antique.

Après ces monumens de luxe et de richesse, il faut passer aux fortifications. Là, des fossés taillés dans le roc, à plus de cent pieds de profondeur, effraient l'œil; des chemins couverts, longs et tortueux, pratiqués dans ce même roc, lient ensemble les différens points; des murailles, élevées les unes au dessus des autres, présentent un aspect formidable; dans un coin de ces murs, gisent dans l'herbe, amassés les uns sur les autres, plus de trente mille boulets lancés par les Turcs pendant le siége soutenu par le grand-maître La Valette; au moins ces souvenirs ne réveillent rien de pénible, car ce sont des souvenirs de gloire et de courage.

## III

### Le Chevalier de Malte.

Il existe à Malte, dans une maison isolée, un vieux chevalier qui fut page sous le grand-maître Pinto, il y a environ une soixantaine d'années. Ce chevalier est français, se nomme le chevalier d'Egrées, et il est de Nancy. Depuis cette époque, il a peu quitté l'île et probablement il finira ses jours là où il a vécu. En visitant la bibliothèque, nous aperçûmes un vieillard en habit écarlate à petit collet, une seule agrafe fermait cet habit au milieu du corps; des manchettes et un jabot à dentelles, bien blanc et bien plissés, attestaient les soins qu'il mettait encore à sa toilette. Ses cheveux gris et poudrés et sa petite queue allaient parfaitement avec sa figure maigre, mais très bienveillante : c'était le dernier reste vivant de l'ordre à Malte. Nous allâmes le saluer, il nous parla avec beaucoup de politesse, ses manières étaient aisées, tout respirait en lui un vieillard aimable.

Il nous entretint de son ordre, de sa splendeur, de ses vicissitudes, avec une complaisance très grande; sans orgueil de sa puissance et sans aigreur de ses malheurs. Pendant qu'il causait ainsi, je l'examinais avec un vif intérêt; mes yeux ne pouvaient se distraire de cette relique vivante de si grands sonvenirs, de cet homme qui avait survécu à tant de ruines. A la place qu'il venait de quitter, un grand livre était ouvert; je désirais voir à quoi ce vieillard pouvait s'occuper, quelle lecture pouvait être plus intéressante pour lui que la méditation de ses propres malheurs, lui, presque oublié là où il avait été souverain, lui, habitant une petite maison à l'ombre de ces magnifiques palais dont il était possesseur, et dont les échos, maintenant, ne lui renvoient plus que le bruit des pas de l'étranger. En approchant, j'aperçus dans le livre ouvert la description d'une chasse aux cerfs. A cette vue je fus saisi d'une sensation pénible; je ne savais pas, en regardant, ce que j'allais trouver dans le livre, mais ce n'était certainement pas à cela que je m'attendais. Je ne pouvais concevoir qu'un tel homme, dans de tels lieux, eût un passe-temps aussi futile; qu'il s'occupât de la lecture d'une chasse, quand plus rien dans la vie ne devait lui montrer ni arbre, ni cerf. Le prestige qui, pour moi, l'avait environné allait disparaître, quand je compris qu'il est une position, qu'il est une époque où l'on a besoin de reculer dans la vie: les choses présentes sont trop inanimées, les secousses qu'on a éprouvées ont trop émoussé nos sensations; on sent la nécessité de se réfugier dans les beaux jours de sa jeunesse pour vivre encore, de se transporter à cet âge de vives sensations, dont les traces sont restées ineffaçables; enfin, d'aller emprunter aux années fécondes de quoi se nourrir dans les années stériles. Nous quittâmes le chevalier, pénétrés de cette vénération qu'on éprouve toujours pour toute grandeur déchue et résignée.

---

## IV

### Départ de Malte.

Le 1<sup>er</sup> août, après l'hospitalité distinguée et pleine d'admiration que M. de Lamartine avait reçue, le gouverneur donna la frégate *la Madagascar* pour convoyer notre brick jusqu'à Napoli de Romanie, et le mettre ainsi à l'abri des pirates grecs qui infestaient les mers. Nous levâmes l'ancre, et *la Madagascar*, pour ne pas retarder sa marche, nous donna un câble de remorque. Le temps était beau et la brise légère; le soir il y eut même calme plat, la mer devint lisse, et de longues vagues luisantes roulaient autour de nous, sans bruit et sans rides; le croissant de la lune éclairait faiblement cette scène, et le doux balancement du brick, à peine sensible, achevait de jeter l'esprit dans un infini sans mouvement et sans couleur. A quelque distance de nous, la frégate anglaise projetait dans l'eau, comme un être fantastique, l'ombre de son corps noir et de ses blanches voiles. Le même silence qui régnait sur notre bord régnait sur le sien. Tout à coup, sans préparatifs apparens, des sons d'instrumens vinrent frapper nos oreilles, et ajouter un charme indicible à cette mollesse dans laquelle nous étions plongés; cette musique réveilla dans notre imagination mille tableaux divers, vagues et indécis, qui berçaient l'esprit comme des songes, sans le réveiller. Cet état de bonheur fut interrompu par des cris de matelots. Pendant que sur chaque navire on se laissait ainsi aller à la rêverie, le mouvement des vagues avait insensiblement rapproché les deux bâtimens l'un de l'autre, et nous allions nous toucher, quand ces cris réveillèrent l'attention. Aussitôt toute musique cessa, chacun était debout, on mit les canots à la mer, et les matelots, à force de rames, éloignèrent les deux bâtimens. Bientôt après, la brise se leva, qui nous fit continuer notre route, et le 6 nous arrivâmes en vue du golfe de Navarin. Une montagne, couronnée de deux mamelons, le fait reconnaître de loin. Tout était paisible dans ces eaux, où, il y a quelques années, les flottes anglaise, française et russe réunies, détruisirent les vaisseaux turcs et égyptiens, par le plus fameux guet-à-pens dont l'histoire fasse mention. Dans cette circonstance, ce n'étaient pas les Turcs barbares qui foulèrent aux pieds les droits des nations, mais ce furent les flottes chrétiennes, les flottes des nations civilisées qui firent pis que jamais barbares n'avaient fait; et l'on a vu une nation, à la suite de ces massacres, sans motifs et sans foi, se tresser une couronne de lauriers, et décerner les honneurs du triomphe.

Le lendemain, en vue du cap Matapan, un nouveau calme nous retint pendant quelques heures, et permit à la vue d'errer sur les montagnes de l'ancienne Messénie et de la Laconie. Les idées d'esclavage et de tyrannie, de guerre et de ruines s'associèrent de nouveau. Pourquoi la Messénie et le souvenir des Ilotes se trouvaient-ils là? Sans eux les noms de Lycurgue, de Léonidas, de Sparte et de Lacédémone, se seraient offerts sans nul mélange avec cette grandeur héroïque que l'histoire leur donne; avec la sobriété, la sévérité des mœurs, et l'ardent amour de la patrie, qui firent presque de chaque Spartiate un grand homme, et du peuple entier un peuple de héros. Les monts Taygète dominent toujours de leurs cimes élevées les montagnes d'alentour.

A notre droite était l'île de Cérigo, autrefois Cythère. Ile si fameuse dans le passé, qu'une imagination de vingt ans rend si riante. Hélas! cette île est sans verdure, sans ombrage, et ne présente à l'œil que des pierres stériles et des montagnes pelées. Voilà donc ce qui survit au culte de cet amour des Grecs! de cet amour tout sensuel, des pierres nues et des montagnes arides! Image physique, qui ne répond que trop à l'image morale.

Nous doublâmes, peu après, le cap Saint-Angelo. A l'extrémité de ce cap, au pied d'une montagne à pic, et à cinquante pieds au dessus du niveau de la mer, se trouve un petit plateau cultivé, demeure d'un ermite; quelques figuiers et un petit champ en forment le jardin; derrière quelques roches est un petit pavillon blanc, et à droite, adossées à la montagne, sont trois arcades, faites de pierres posées . unes sur les autres sans ciment. Le fond de l'arcade de droite présente une ouverture noire, qui paraît communiquer avec des cavernes de l'intérieur de la montagne. Au devant des arcades est une terrasse de quelques pas de largeur, terminée par le bord du rocher contre lequel les flots viennent se battre. L'ermite nous regardait passer, debout et immobile devant cette demeure solitaire; sa robe brune et son capuchon ressortaient gravement sur ces pierres grises; sa barbe blanche et son front ridé donnaient une mélancolique solennité à toute la scène. Il nous voyait passer sur un navire que les flots emportaient, qui était ballotté par la moindre vague, et les vagues les plus furieuses venaient se briser et s'éteindre à ses pieds. Cet homme, placé dans une solitude inabordable, nourri de ces grandes scènes du ciel et de la mer, comment doit-il envisager la vie ordinaire des hommes, cette vie souvent si mesquine par les mille soins qu'elle réclame, par les craintes puériles qui l'assiégent, et par les travaux continuels qui l'absorbent?

Doublant entièrement le cap, nous perdîmes l'ermite de vue; le soleil n'avait plus qu'une heure à rester sur l'horizon, nous le vîmes descendre lentement de derrière un nuage noir. Les sommets des montagnes, nettement dessinés, représentant tantôt d'éminentes ruines, tantôt des pics variés, étaient transparens de lumière, que leurs flancs ombragés par le nuage rendaient douce et suave. Dans le lointain, on voyait l'air rempli de vapeurs argentées, parsemées de quelque poussière d'or; plus près, ces vapeurs devenaient presque violettes, et tout était sombre et noir au bord de la mer, qui, elle-même, par un reste de réflexion du soleil, semblait converte de lames mobiles d'un or mat et pur ; ces lames s'étendaient du rivage à notre bâtiment, et nous liaient ainsi à toute cette scène magique. Que nous étions heureux de voir cette Grèce dans un tel moment et sous un tel jour ! Plus tard nous la vîmes en plein midi ; mais, que le grand jour lui fait mal ! Si, après ce spectacle, notre proue s'était éloignée de ses côtes, quelle ravissante illusion n'eussions-nous pas conservé !

Le jour suivant, nous passâmes devant Nauplie de Malvoisie, bâtie sur un rocher qui s'avance dans la mer, et le soir nous jetâmes l'ancre à Nauplie de Romanie.

---

## V

### Napoli de Romanie.

Napoli de Romanie, ou Nauplie, est la capitale de la Grèce actuelle (1). Quand on l'examine du golfe, qui est un grand et beau port, cette ville a l'aspect d'un misérable village, dans lequel on aurait bâti de quinze à vingt maisons d'assez belle apparence. Derrière elle, s'élèvent deux rochers, dont le plus haut sert d'emplacement au fort Palamède, et l'autre, sur lequel se trouve bâtie une partie de la ville, est couronné par des casernes. Ces casernes et le fort Palamède sont au pouvoir des troupes françaises. Ces deux rochers, par leur élévation, écrasent la ville, et l'empêcheront de jamais recevoir à l'œil aucun développement.

L'intérieur répond à l'idée que l'on s'en fait du dehors;

(1) Aujourd'hui le gouvernement a transporté son siége à Athènes, et en a fait la capitale.

les rues sont encombrées, sales et étroites, plutôt bordées par des huttes que par des maisons, si l'on en excepte ces quelques bâtimens nouveaux qu'on aperçoit de la rade, dominant les autres. Cette ville est entourée de murailles et de fossés de construction vénitienne; partout on aperçoit encore le lion de cette république. Au milieu du port, est un petit fort qui tombe en ruines, construit à la même époque que les murailles de la ville.

Le peuple qui couvrait les rues, animait convenablement cette ville de plusieurs âges. Une partie, au milieu des chaleurs de l'été, se promenait couverte de pelisses de peaux de chèvres et de moutons, ayant une ceinture garnie de pistolets d'arçon et d'un long poignard, et portant un long fusil à la main ou sur les épaules; ces hommes ainsi habillés, avaient tous les figures basanées et les yeux ombragés de noirs et épais sourcils; c'étaient des palicares roumeliotes; ils offraient le beau idéal des brigands des montagnes. D'autres, les Albanais, marchaient la tête haute, les épaules en arrière. Leurs spencers et leurs bas brodés, leurs jupes blanches et amples, formaient un costume élégant au milieu de ces costumes presque sauvages; parmi eux l'on voyait de ces belles têtes grecques, dont l'ancienne sculpture nous a laissé des modèles. On apercevait aussi, par-ci, par-là, l'uniforme de nos soldats français, et le costume européen.

Nauplie est situé à l'entrée de la grande plaine d'Argos, qu'on voit de là, nue et stérile, à la suite des guerres civiles qui désolent la Grèce. Ces désastres ne sont pas les seuls qu'on ait à regretter; partout l'on ne voit que villes en ruines, plaines désertes et ruisseaux taris. Quelle différence avec cette Grèce si animée et si brillante des écrivains et des poëtes; avec cette Grèce, dont chaque site a été chanté, et dont chaque nom est harmonieux! Quand, de cette désolation matérielle, on s'élève à la désolation morale, la tristesse qu'on en ressent n'a plus de bornes. Les Grecs esclaves des Turcs faisaïent pitié, les Grecs libres font horreur; leur vie est une continuité de vols et de rapines, et leurs passe-temps sont des incendies et des assassinats. Nauplie, le siége du gouvernement, n'offre pas de sécurité à un quart de lieue hors de ses portes, et ne serait plus lui-même que cendres et ruines sans les troupes françaises qui l'occupent. Colocotroni, chef des kleftes révoltés contre le gouvernement, pille et saccage tout ce qu'il peut rencontrer. Colletti, qui se trouve actuellement à la tête de ce même gouvernement, ne s'est fait suivre de ses palicares, qu'en leur promettant du pillage. Il n'y a que quelques jours que Missolonghi, quoique soumis, a été pillé par eux. Si, encore, les partis divisés ne se nuisaient que les uns aux autres, on le concevrait, ce serait une espèce de guerre; mais ils attaquent tout ce qui n'est pas assez fort pour se défendre, n'importe qui, indigène ou étranger, ami ou ennemi.

Quand ils sont en armes vis-à-vis les uns des autres, ils se battent de si loin que c'est par le plus grand hasard du monde s'il y a quelques morts ou blessés. Huit jours avant notre arrivée il y avait eu un combat dans la plaine d'Argos entre les troupes de Colocotroni et de Colletti; les armées étaient à peu près de même force, vingt mille coups de fusil ont été échangés, et quatre cents coups de canon; après un pareil vacarme il est resté deux hommes sur place et quatre ont été blessés. Au moment où ils croient qu'on peut les atteindre et qu'on en a la volonté, ils fuient. Qu'un officier français aille dans la plaine, soit pour se promener, soit pour chasser, il sera massacré; que vingt y aillent, six cents ne les attaqueront pas. Pour trouver mieux voulez-vous examiner les Grecs des îles, mais tous sont pirates ou intéressés dans la piraterie, les marins vous diront qu'ils pillent les bâtimens jusque dans leurs ports, même ceux qui leur apportent des secours; trop heureux quand les équipages de ces mêmes bâtimens obtiennent la vie sauve.

A la suite de ces pillages et de ces massacres successifs le pays est devenu tellement dépeuplé qu'il ne restait pas assez de bras pour en cultiver le quart. Et qui le cultiverait? Quand la récolte est prête à se faire, l'on se bat à qui l'aura. La plaine d'Argos était couverte de quatre-vingt mille pieds d'oliviers : depuis trois à quatre ans se livraient régulièrement des combats pour savoir à qui en recueillerait les fruits, et l'année dernière, pour en finir, on en a coupé et brûlé les arbres. Pendant mon séjours à Nauplie, les marchands, les artisans et autres bourgeois supplièrent le résident de France de faire sortir de la ville les policares du gouvernement et de confier la police aux seuls soldats français; on fut obligé d'en venir là en partie pour les empêcher de brûler ou de piller la ville. Ces soldats grecs, qui font dans les promenades un étalage si fastueux de leurs armes, ces soldats si impitoyables pour les faibles, si fiers dans leurs vaines bravades, se battaient dans les rues entre eux à coups de poing pendant qu'ils avaient le pistolet et le poignard dans leur ceinture.

Cette désolation si générale, cette anarchie si complète cessera aussitôt l'arrivée de leur nouveau roi. Est-ce le besoin d'ordre? est-ce l'amour de la patrie qui terminera ce déplorable état des choses? Non. Chefs et soldats savent que leur jeune roi arrive avec de l'argent, ils se grouperont autour de lui, lui tendront la main, et lui seront fidèles tant qu'il y aura une obole à espérer; cet espoir perdu, le désordre et l'anarchie recommenceront, à moins qu'il n'y ait un gouvernement sévère, une justice prompte et des baïonnettes étrangères pour appui, car il ne pourra se fier sur aucune fraction de son peuple. Le nombre de ces étrangers ne doit même pas être très grand : trente Turcs suffisent aujourd'hui pour maintenir la sécurité et l'ordre à Athènes au milieu de tous les élémens de discorde qui l'environnent.

Dans toute la suite de mon voyage interrogeant des hommes de mœurs, de religion et de langues différentes, pas un seul n'a pu me dire un mot en faveur des Grecs. Le bruit courait à Nauplie que la Russie aidait à entretenir la révolte de Colocotroni, contre la faction qui avait renversé le gouvernement de Capo-d'Istrias; mais ce que la Russie peut faire, n'est que jeter une goutte d'huile sur unr asier toujours enflammé.

Près de la ville était un bâtiment construit en bois, sans plus de soin que les baraques en planches qu'on élève dans les foires ; l'air y pénétrait de tous côtés : c'était la chambre des députés de la nation. J'ai assisté à une séance, les physionomies étaient très expressives et la discussion animée ; mais ignorant complétement la langue qui se parlait, la scène perdait pour moi beaucoup de son intérêt. J'ai su depuis qu'en Grèce, pas plus qu'ailleurs, les députés ne sacrifient sur l'autel de la patrie, ni leur intérêt, ni leur ambition, ni leurs haines, ni leurs préjugés.

Je quittai Nauplie le cœur navré de ce que j'avais vu de la Grèce et des Grecs. Quand dans tout un peuple on ne peut découvrir aucune idée noble, aucune idée généreuse et désintéressée qui puisse servir en quelque sorte de base pour fonder un meilleur avenir, même dans le plus grand lointain, on se sent découragé et profondément triste.

---

# VI

### Départ de Nauplie. — Égine.

Le temps continuait à être beau et la chaleur très grande ; le calme nous reprit entre Hydra et le continent. Nous profitâmes de ce calme pour visiter un lieu nommé les Jardins : c'était véritablement un lieu délicieux, nous goûtâmes sous l'ombrage des figuiers et des orangers qui s'y trouvaient, une fraîcheur inexprimable avec d'autant plus de plaisir que le pont de notre brick que nous venions de quitter était embrasé par le soleil; des belles grappes d'un raisin couleur d'ambre étanchaient une soif qui renaissait sans cesse : c'est alors qu'on comprend de quel enthousiasme, de quel bonheur ont été animés les poëtes en chantant ces sites. C'est dans ces momens qu'on voit que l'exagération n'est plus de l'exagération , et que les sensations qu'on éprouve sont plus voluptueuses que l'expression qui peut les rendre.

Vis-à-vis de nous était Hydra, rocher rougeâtre sur

lequel les maisons de la ville bâties en pierres blanches ressemblent à de gros flocons de neige épars sur leur bruyère rouge éclairée par le soleil. Hydra s'est fait remarquer dans la dernière guerre de l'indépendance des Grecs contre les Turcs.

Vers le soir nous regagnâmes notre bord, et la brise survenant nous nous dirigeâmes vers le cap Colonne (Sunium) avec le dessein d'aller visiter les ruines du temple de Minerve ; mais le vent en ordonna autrement ; la brise qui venait de plus en plus forte en approchant du cap, fut à la fin tellement furieuse que nous fûmes obligés de céder, et de tourner notre proue vers Égine ; nous nous engageâmes entre l'île et le continent et nous mouillâmes dans une anse près de la ville où Capo-d'Istrias a bâti la première école nationale. De notre bord nous aperçûmes une végétation riche et variée ; la vue ne nous trompa nullement, car un instant après notre mouillage nous vîmes notre pont inondé de pastèques, de figues, de raisins et autres produits de l'île que le gouverneur envoyait à M. de Lamartine. Nous descendîmes à terre le lendemain, la ville paraissait habitée par une population assez active, mais n'offrait rien de remarquable si ce n'est le bâtiment de l'école qui se trouvait à l'entrée : ce bâtiment est très grand et bâti avec soin.

Nous quittâmes Égine et nous vîmes de loin à notre gauche l'Acropole de Corinthe et plus près de nous l'île de Salamine. Nous nous promenions lentement sur cette mer témoin de la gloire de Thémistocle et d'Athènes, et de la honte des Perses : quel puissant intérêt ne ressent-on pas, quand on assiste, en quelque sorte la description à la main, aux craintes et aux espérances des spectateurs qui se trouvaient sur l'île et à l'action glorieuse du combat! il semble qu'on entend encore le bruit du choc des galères, les cris de victoire des Grecs, et les gémissemens sourds des Perses mourans et mis en fuite.

---

# VII

## Le Pyrée. — Athènes.

Le Pyrée est un port très sûr mais très petit, et dont l'entrée étroite est bornée par deux môles élevés à main d'homme, ne laissant entre eux qu'environ cinquante pas d'ouverture. En réfléchissant combien de bâtimens chez les Anciens un tel port pouvait admettre, on voit que ces galères si imposantes dans leurs écrits devaient avoir des dimensions bien exiguës près des vaisseaux modernes.

Nous mîmes pied à terre sur les quais du Pyrée, nous touchions donc cette terre classique, cette terre dont le peuple, les orateurs et les héros fournissent de si vives impressions à notre jeunesse, que l'imagination même la plus froide a dû les revêtir d'un voile brillant. Nous ne vîmes sur ces quais délabrés, où abordaient autrefois tous les peuples du monde connu, que quelques pêcheurs, des marchands de fruits et des muletiers qui vinrent offrir leurs montures pour nous conduire à Athènes.

Les chevaux qu'on arrêta pour notre transport, pour toute bride portaient un licol garni d'une corde, ce qui prouvait leur allure pacifique. Leur maître les suivait sans peine à pied, les chassant devant lui. Une selle en bois mal recouverte et d'une hauteur démesurée, creusée au milieu et élevée en avant et en arrière, nous emboîtait; des étriers courts, la plupart en corde, élevaient nos genoux au niveau du siége; nous nous trouvions ainsi juchés bien haut et d'une façon très incommode. Qu'il y a loin de là aux beaux coursiers des jeux olympiques qu'on s'attend à trouver sur cette terre attique quand on la visite pour la première fois! Nous suivîmes ainsi montés le chemin d'Athènes, le long des fondations du mur détruit de Thémistocle. Ce mur sur lequel deux chars pouvaient courir de front n'offre cependant dans ses fondations que cinq à six pieds de largeur, il y a eu évidemment un peu d'exagération dans les anciennes descriptions qu'on en a faites. Au bout de quelque temps de marche nous entrâmes dans un bois d'oliviers, que jadis Athènes dans sa splendeur avait consacré à Minerve. Ce bois présentait partout à nos yeux des arbres coupés et brûlés, tristes fruits de la guerre. Quelque temps avant d'arriver à la ville de Thésée, nous en sortîmes en tournant l'acropole; après une heure et demie de marche depuis notre départ, nous entrâmes dans un amas de décombres de pierres et de terre séchée au soleil, et c'était là Athènes: quelques maisons intactes, des hangars attachés aux pans des murailles encore debout étaient les demeures qui restaient aux habitans. Les rues étroites et les cours remplies de débris, les maisons abattues formaient une telle confusion que dans beaucoup d'endroits on ne pouvait plus distinguer la voie publique, et souvent le voyageur était obligé d'errer sans savoir s'il trouverait une issue. Jusqu'alors les habitans s'étaient contentés de désobstruer, à peu près, le bazar et les rues les plus fréquentées. Du milieu cependant de ces décombres, nous vîmes apparaître des figures douces et distinguées, qui offraient un air d'aisance et de contentement. Le repos actuel des habitans n'était pas troublé, grâce aux Turcs qui en vertu d'une capitulation en sont encore les maîtres. Chacun est sûr au moins de conserver en paix les ruines qu'il possède, et celui qui sème pourra moissonner.

Cet état d'Athènes me paraissait plus favorable pour voir les monumens antiques, que si la ville avait été belle et brillante: car l'on n'y va qu'avec la pensée de rendre une visite aux morts, et rien de ce que vous voyez maintenant ne distrait de cette pensée.

J'arrivai à Athènes avec une provision d'admiration faite d'avance; j'avais déjà été un peu désappointé en voyant le Pyrée, que je trouvais, par ses dimensions, ne répondre nullement à mes idées préconçues; je passai légèrement sur ce mécompte en faveur d'Athènes que je devais voir bientôt. Mais l'impression première que je reçus, de sa grandeur passée, ne répondit pas non plus à mon attente. Une petite colline qu'on nomme l'acropole, enfermée dans un mur, couverte de débris de marbre, de quelques colonnes isolées encore debout et de quelques autres, soutenant un reste de temple; le tout n'offrant pas une idée plus grandiose que la colline même sur laquelle ces restes se trouvent. Ajoutez-y un temple de Thésée d'un aspect lourd et écrasé, placé dans une plaine nue. Si après ce premier coup d'œil jeté avec l'enthousiasme de l'arrivée on quittait Athènes on n'en rapporterait qu'une idée médiocre. Hors la ville les colonnes du temple de Jupiter, qui se trouvent encore debout, font plus d'effet, sans cependant répondre encore à l'idée d'un temple consacré au dieu qui foudroyait les Titans et les écrasait sous des montagnes; le stade situé un peu plus loin, au delà de l'Ilyssus, petit ruisseau tari les trois quarts de l'année, semble par son peu d'étendue plutôt destiné aux courses à pied, qu'à des courses de chars.

En examinant pourquoi de si grandes choses ne font qu'une si petite impression à l'œil qui les aperçoit pour la première fois. J'ai attribué cela au voisinage des hautes montagnes qui les entourent. Ces petits amas de pierres posées les unes sur les autres par les hommes ne sont rien près de ces masses énormes de la nature. Pour retrouver des illusions, pour jouir d'Athènes, il faut l'examiner en détail : alors la perfection de ses monumens, leur grandeur, leur élégance et leur politesse, si je puis m'exprimer ainsi, vous réconcilient avec cette brillante capitale des arts; et Périclès et Thémistocle ne sont pas déchus dans votre pensée. Vous fouillez alors avec un religieux respect ces marbres épars de cent monumens divers, vous admirez ce que le temps et la rage des hommes ont laissé debout. Vos yeux s'attristent en voyant les bas-reliefs enlevés du Parthénon et les dégats faits à ce temple par le plus grand vandale moderne, lord Elgin : les nouvelles blessures faites aux colonnes par le canon de la dernière guerre sont moins cruelles, car elles sont moins barbares.

Je désirais voir surtout la tribune aux harangues (le Pnyx), je voulais contempler ce trône brillant de Démosthènes. Un quartier de roc grossièrement taillé, placé en plein air, était cette belle tribune d'où il parlait au peuple qui était renfermé dans une enceinte demi-circulaire faite de pierre. Je fus tenté de chercher si, sur ce même rocher, je ne découvrirais pas la trace du pied de cet homme illustre et des autres orateurs qui l'ont foulé. Là la parole humaine a été portée à son plus haut degré de perfection et de puissance, combien de fois ne fut-ce pas pour flatter et corrompre le peuple, pour le faire servir d'instrument à l'ambition et à l'avarice ! Et ce peuple aveugle dans son amour comme dans sa haine décerna la louange ou le blâme par caprice et par vanité. Il y a bien des années d'écoulées depuis lors, maintenant le peuple est-il plus sage ? plus juste ? Les motifs de ceux qui le gouvernent ou qui voudraient le gouverner sont-ils plus purs ? plus désintéressés ? Notre future histoire nous l'apprendra.

Les habitans de la ville espéraient que leur roi y placerait le siége de son gouvernement, qu'une nouvelle ère de prospérité luirait pour eux et qu'Athènes renaîtrait de ses cendres.

---

# VIII

## Rhodes.

Nous avions quitté Athènes escorté du brick de guerre français le Génie, une heureuse navigation nous mena à Rhodes où nous mouillâmes le 25 août au milieu de la flotte turque, qui s'y trouvait à l'ancre. Cette flotte, formant le demi-cercle, placée en regard du port, offrait un beau coup d'œil; elle partit le lendemain pour aller mouiller au golfe de Marmoritza qui se trouve presque en vue,

Les flottes turques et égyptiennes se faisaient une singulière guerre pendant cette campagne. Sur terre ces peuples se battaient à outrance, et sur mer ils s'évitaient avec le plus grand soin. Un jour une flotte partait d'un point, quelques jours après l'autre venait y jeter l'ancre, et *vice versâ*. Toute l'année s'est passée en pareilles manœuvres, et à l'approche de l'hiver chaque amiral est bravement rentré chez lui, pour recevoir des complimens de son souverain sur le bon état dans lequel il ramenait les vaisseaux.

Notre premier soin en descendant à terre fut de chercher à découvrir dans quel endroit le fameux colosse avait pu être placé ; nous ne réussîmes pas trop dans nos recherches, mais nous fûmes frappés, en entrant, de l'aspect de la ville, qui renferme dans son sein deux villes toutes différentes l'une de l'autre : la ville chrétienne ou des souvenirs, et la ville turque. Les bazars, les dômes et leurs légers minarets font un contraste étrange avec ces lourdes masses armoiriées du moyen âge.

Les rues pavées en petits cailloux d'égale dimension, mais de couleur différente, forment une marqueterie régulière d'un très joli effet. Les bazars (et comment ne pas parler de bazars quand on fait un voyage d'orient!) sont ce que j'avais vu de plus beau jusqu'alors dans ce genre ; ce sont des petites rues étroites, les unes couvertes, d'autres en plein air, bordées de boutiques de chaque côté. Les marchands assis sur un établi de tailleur fument leur narguilet et boivent le café avec gravité et en silence, et ne s'occupent pas plus des passans et des chalands, comme si cela ne les intéressait en rien. Ils n'étaient tout juste de marchandises qu'autant qu'il en faut pour indiquer ce qu'ils vendent, et tout l'ensemble est tenu avec très peu de propreté. Le soir toutes ces boutiques se ferment et sont abandonnées par leurs propriétaires. Des gardiens n'y manquent cependant pas : ce sont des chiens. Ces chiens de bazar sans maîtres, sont nourris par le public chaque troupe a son quartier à elle, et quand un chien d'un autre quartier dépasse les limites, tous ses voisins tombent sur lui; et cela arrive assez fréquemment, soit que le chien voyageur soit poussé par l'amour ou la faim; à chaque instant vos oreilles sont étourdies par des cris ou des batailles, et vos yeux blessés par la vue de chiens pelés et déchirés. Tout ceci n'est pas seulement propre à Rhodes, mais à toutes les villes d'orient.

Il n'y a que les Turcs et les Juifs qui peuvent passer la nuit dans la ville; les chrétiens doivent la quitter et se retirer dans les faubourgs. Est-ce parce qu'on les craint et qu'on ne fait pas ce même honneur aux Juifs? Je ne le sais et je n'ai pu l'apprendre; au premier abord cette exclusion paraît humiliante.

C'est aussi à Rhodes où j'ai vu des femmes turques pour la première fois : un bandeau blanc descendant jusqu'aux yeux, comme celui des religieuses, cache leur front; un autre bandeau descend du bas des yeux et cache le reste de la figure : ces yeux isolés au milieu de cette face blanche font un vilain effet. Des babouches jaunes, un large pantalon et une tunique sans plis achèvent l'habillement de ces femmes; souvent dans leur intérieur les bandeaux qui couvrent la figure sont ôtés et la figure est nue; mais elles les mettent toujours quand elles sortent, ainsi qu'un long voile blanc qui descend de la tête aux pieds, enveloppe tout le corps et les fait paraître comme de grands fantômes blancs.

Nous nous étions un peu habitués à la nouveauté du spectacle, des costumes et des habitudes de l'orient. Nous songeâmes à la ville chrétienne : cette ville bâtie par les chevaliers de Saint-Jean présente encore aujourd'hui un ensemble de monumens qui exprime complétement le génie de l'époque où ils furent construits; de hautes murailles, de profonds fossés, de vieilles tours massives, un vaste et lourd hôpital, des églises, des maisons ou auberges d'une architecture sombre et grave : voilà les restes du séjour de l'ordre à Rhodes. Tous ces monumens sont ornés d'armoiries profondément taillées dans la pierre, et les nations d'occident peuvent y lire une page emblématique de leur histoire. Cette architecture sévère et sans luxe n'exclut pas l'orgueil, car il fut de tous les temps ; mais elle dénote une ère de force et de vigueur, c'était l'époque des rudes travaux et des grandes choses. C'est l'histoire de l'ordre de ce siècle, et je doute que qui que ce soit pût prédire Malte en examinant Rhodes.

Depuis long-temps nous n'avions vu ni église ni prêtre du rit romain, aussi ma satisfaction fut très grande en apprenant qu'une chapelle desservie par des pères capucins se trouvait dans l'île; je m'empressai de m'y rendre. Nous venions de mettre le pied dans le pays des infidèles, je me trouvais si heureux de trouver là un petit coin que je pus regarder comme la maison de mon père, comme cette maison où si souvent j'avais trouvé la joie et des consolations. Cette petite chapelle propre et blanche avait pour tout ornement un autel très simple, des gravures représentant les stations et un tableau de saint Louis. Un tableau pareil se voit dans presque toutes les églises de l'orient, n'importe à quelles nations elles appartiennent; on y a pour ce Saint une vénération particulière, et le respect qu'il a su inspirer de son vivant, se conserve encore maintenant. Comme Français j'éprouvais un sensible orgueil national, en pensant qu'un roi de France dans son tombeau protége encore notre croyance, et que celui qui fut pour conquérir les saints lieux, quand tout ce que la force a fondé est détruit, a pu pendant des siècles faire respecter les signes de notre foi, par son nom et l'estime qu'il a su inspirer.

Un capucin italien, à la longue barbe et au teint pâle, vint y offrir le saint sacrifice. Cette figure mélancolique, que, comme nous, un autre ciel avait vu naître, que la charité seule avait conduit et fixé dans ces lieux, loin de sa patrie, de ses parens, pour secourir par ses consolations et ses prières ses frères errans, touchait vivement mon cœur, et je priais avec ardeur pour ma patrie et pour tous ceux que j'y avais laissés.

A Nauplie nous n'avions trouvé aucun prêtre catholique, et notre armée d'occupation était là sans aumôniers. Qu'importe, en effet, aux rois et aux législateurs, que des pauvres malheureux élevés dans la religion chrétienne, mourant pour leur patrie dans une terre étrangère, ne trouvent pas à leur chevet, dans ce moment solennel, dans ce moment où la pensée de Dieu se réveille avec tant de force, un prêtre qui les soutienne, qui reçoive leurs derniers vœux et leurs derniers soupirs ; que leur importe à eux qu'un mourant soit consolé! Un mourant, ça n'est bon à rien ; pauvres mères qui avez tant pleuré vos fils quand vous les avez vus s'éloigner, qui avez tant pleuré pour eux depuis leur absence ; ils sont morts, et la religion n'avait là personne pour les assister dans leurs derniers momens! Cette pensée est bien amère; mais consolez-vous, Dieu aura eu pitié d'eux, vos larmes n'auront pas été sans fruit, car lui il a toujours écouté les prières des mères.

---

# IX

## Chypre.

De Rhodes une navigation paisible nous conduisit à Chypre. Cette île grecque qui ne le cède en grandeur qu'à Candie, et en fertilité à aucune autre, est bien déchue de son lustre depuis qu'à elle seule elle formait un royaume; nous la longeâmes dans sa plus grande étendue, laissant à notre gauche les ruines de Paphos et d'Amathonte; nous débarquâmes à Larnaca, siége actuel du gouverneur de l'île, résidence des consuls étrangers et des principaux négocians.

Larnaca n'offre rien de remarquable, les plus belles maisons sont bâties le long des quais, le reste ne mérite pas d'être cité; les principaux négocians ont quelques *villas* dans l'intérieur qu'on dit très agréables. La seule chose qu'on nous engagea à voir, est une mosquée bâtie à une lieue et demie de là, par je ne sais plus quelle sultane, et qui jouit parmi les Musulmans d'une grande réputation comme lieu de pélerinage. Nous nous rendîmes à cette mosquée qui, placée près d'un grand lac et de montagnes boisées, est vraiment dans une situation ravissante; mais l'air y est très insalubre. Dans une visite que nous fîmes au chef de la mosquée, nous vîmes cette insalubrité tracée sur toutes les figures, les teints pâles et plombés annonçaient l'habitude de la fièvre : un esclave nous introduisit dans une grande pièce carrée ayant vue de trois côtés, sur le lac, les jardins de la mosquée et les montagnes voisines. Un divan entourait cette salle, là étaient assis le chef de la mosquée et son frère l'Hadji ou le pélerin (nom que prennent tous les musulmans qui ont fait le voyage de la Mecque), tous deux avaient l'air doux et très bienveillant; on servit le café, la pipe et le sorbet. Outre le divan sur lequel on nous fit asseoir, il n'existait dans toute la salle d'autres meubles qu'une natte très fine et très ouvragée qui couvrait le plancher; sur les murs et le plafond étaient des sentences du Coran écrites en turc. Nous causâmes quelques instans, le pélerin nous parla des particularités de son voyage à la Mecque qu'il fit la même année où le choléra détruisit presque toute la caravane. Nous prîmes congé, ayant l'air très satisfaits les uns des autres; le chef me pria alors d'entrer dans son harem, pour visiter des femmes malades. L'appartement où je fus conduit avait beaucoup d'analogie avec celui où il nous avait reçu; mais les fenêtres, étroitement grillées, le rendaient très sombre. La femme la plus malade était couchée sur un divan, le visage découvert; elle devait avoir de vingt à vingt-deux ans, ses yeux étaient noirs, sa figure ronde et pâle, et paraissait plongée dans une atmosphère d'ennui et de souffrance; l'autre malade, qui me consulta, était debout, également découverte, mais plus âgée que la première : toutes deux étaient habillées de blanc, deux femmes esclaves se tenaient près de la porte; l'air de bouffissure et de fièvre que j'avais remarqué chez les hommes, s'observait encore à un plus haut degré chez les femmes, et tout cet ensemble ne présentait qu'une existence de tristesse et de monotonie.

Après avoir examiné attentivement les deux malades sans leur parler, ce qui eût été très inutile, puisque je ne pouvais ni les comprendre ni m'en faire comprendre, je me retirai. Sorti de là, je fis expliquer au mari par l'interprète ce qu'il convenait de faire; je désire que mes remèdes les aient guéries, je n'en ai plus entendu parler depuis.

Le lendemain, le musulman vint rendre à M. de Lamartine la visite qu'il en avait reçue; par ce seul acte, on peut juger combien les mœurs se sont modifiées dans ce pays, puisque non seulement un turc, mais un prêtre, osa en plein jour rendre une visite et entrer dans la maison d'un chrétien, pour faire un acte de politesse : il y a cinquante ans, pareille chose ne se serait pas faite. Ce pays marche donc dans la civilisation, mais sera-t-il plus heureux ou plus fort que quand il avait sa foi vive et ses mœurs conformes à cette foi : je n'en sais rien, mais puisqu'il a perdu ce qui faisait sa force, il faut qu'il change encore ou qu'il périsse.

Nous nous embarquâmes à Larnaca pour la dernière fois, avant d'aborder au continent d'Asie ; mes désirs croissaient à mesure que j'approchais de cette terre sainte, et mes regards ne se détachaient plus des cimes du mont Liban que nous commencions à entrevoir.

---

# X

### Beyrouth.

Nous quittâmes Chypre avec joie, et après quatre jours de mer mêlés de calme et de légère brise, nous abordâmes à Beyrouth. Beyrouth est une ville de Syrie, située au pied du Liban, renfermant cinq à six mille âmes. Elle est peuplée en grande partie de chrétiens maronites; toutes ses maisons ont des terrasses et des fenêtres sans vitres, peu de ces fenêtres donnent sur les rues, qui sont tristes, étroites et mal pavées, une muraille enceint la ville. A l'est, en dehors de cette muraille, est une vieille tour qui faisait partie du palais de Fakardin (fakar el diu), dans les environs de laquelle vous en apercevez encore des débris. Fakardin était ce brillant émir des Druses qui a fixé un moment l'attention de l'Europe entière.

Au midi de la ville, est une forêt de pins; un chemin très agréable, bordé de chaque côté de figuiers d'Inde, y conduit. Le figuier d'Inde est très commun dans les environs de Beyrouth, il couronne les murailles sans ciment qui bornent chaque héritage.

Dans la forêt, environ cinquante vieux pins dépouillés par l'âge, se trouvent au milieu de nouvelles plantations toutes vertes, lient les vieilles générations aux jeunes, et forment ainsi une tradition non interrompue, qui remonte jusqu'à ce même Fakardin. Ces plantations fixent les sables, qui auraient déjà envahi les environs de la ville, si on ne leur avait opposé une pareille digue. Au delà des pins, sur le chemin de Seyde, est une grande plaine d'oliviers. Toute la plaine autour de Beyrouth est parsemée d'habitations isolées, entourées de plantations de mûriers qu'on appelle jardins; de nombreux villages sont placés sur les premières collines du Liban.

La pointe de terre située à l'ouest, à une lieue de distance de la ville, nommée Ras-Beyrouth (cap de Beyrouth), est digne d'être examinée. A l'extrémité de ce cap, sont deux rochers entourés d'eau. Le plus petit n'offre aux yeux qu'une masse carrée assez élevée, le deuxième présente un carré plus grand; dans son milieu est une ouverture qui le traverse de part en part, et par laquelle passerait assez facilement une petite barque avec ses voiles. A quelque distance en mer, on prendrait ce rocher pour un arc de triomphe bâti au milieu des flots. Près de là, sont les grottes des Pigeons, ainsi nommées à cause du grand nombre de ces animaux qui s'y rassemblaient autrefois.

De l'autre côté de la ville en allant vers la rivière, vous montez sur les hauteurs de San Demittri, riches en beaux points de vue : les chemins y sont plus étroits, plus raboteux que du côté des pins.

Depuis la rivière jusqu'au Ras-Beyrouth, dans une étendue de deux grandes lieues, en fouillant la terre, on rencontre beaucoup de débris d'anciennes bâtisses, et des médailles romaines ; surtout depuis la ville jusqu'au cap. Là, les rochers que la mer baigne sont taillés de toutes façons, vous y distinguez encore des formes de chambres, des aqueducs, des fondations faites de main d'homme, que ni le temps ni les vagues n'ont pu détruire. La population de la ville est composée de maronites qui forment la masse du peuple, de chrétiens grecs, unis et schismatiques, de Syriaques, et de quelques Turcs. Au milieu d'eux, est une population franque assez nombreuse, qui y a ses consuls. Le costume des chrétiens du pays est le costume turc avec quelques modifications, les hommes portent un manteau (*messchlag*) d'une couleur unie, presque noire. Ce manteau est brodé en soie et argent sur l'épaule gauche, et a la forme d'un large sac ouvert par le milieu ; en haut est une ouverture pour la tête, et sur les côtés, près des angles, en est une autre pour les bras. Au dessous du manteau, ils mettent un habit étroit tout d'une venue (*habey*), également ouvert sur le devant, orné sur le dos d'une broderie en triangle, dont la base répond au col, et dont un angle aigu descend plus ou moins bas. Leur turban est généralement bleu, mêlé de blanc ; quelques uns cependant des plus distingués le portent entièrement blanc.

Les femmes sont habillées comme les femmes turques, mais au lieu de bandeaux blancs qui couvrent leur figure, elles portent un mouchoir en couleur d'étoffe très claire. Ce mouchoir, libre par le bas, leur permet de le relever, et de se découvrir quand elles peuvent le faire sans inconvénient; leurs souliers au lieu d'être jaunes comme ceux des femmes turques sont rouges.

Le commerce de Syrie se fait principalement par Beyrouth. Les objets d'exportation les plus considérables sont la soie et l'huile. Aussi de tous côtés vous apercevez des plantations de mûriers blancs. Ces mûriers taillés à la hauteur de six pieds sont tous les ans dépouillés de leur première pousse, pour nourrir les vers à soie. On récolte les feuilles des secondes pousses quand elles sont parvenues à maturité pour la nourriture des vaches. L'utilité et la richesse de l'éducation des vers à soie sont tellement considérés, que dans plusieurs villages de la montagne, les œufs de ce précieux insecte sont mis sous la protection du patron de la paroisse: ainsi, pendant l'hiver, vous voyez pendu dans beaucoup d'églises des sachets en toile renfermant ces œufs. Des croix sont brodées sur ces sachets, ainsi que le chiffre du propriétaire; c'est là qu'on va les prendre quand arrive le temps de faire éclore les insectes.

A Beyrouth, comme dans les autres ports de la Syrie, les maisons de commerce franques n'ont pas toutes la considération qu'elles pourraient avoir. Elles sont cependant privilégiées par le gouvernement turc. Elles payent moins de droits de douanes, que les sujets de la Porte, et sont exemptes de toute autre contribution. Elles abusent souvent de ce privilége pour quelques piastres, en prêtant leur nom aux indigènes, et expédiant des marchandises qui ne leur appartiennent pas; aucun consul n'ignore cet avide manége; mais aucun n'a essayé d'y mettre obstacle, et tous aident à surprendre la bonne foi du gouvernement, et la confiance qu'il montre aux étrangers.

Dans toutes ces échelles, il se noue et se dénoue autant d'intrigues que dans un grand royaume. L'importance, la vanité, l'esprit de parti, s'y montrent plus ridicules qu'ailleurs. Et quand dans un tel pays, avec de tels souvenirs et de telles ruines, on voit dans quel cercle étroit l'homme s'agite, on est tenté de s'écrier qu'il est petit et misérable.

Sous l'empire romain, cette ville, connue sous le nom de Bérythe, était célèbre par ses écoles de droit et d'éloquence. C'est de là que Justinien prit la plupart des jurisconsultes qui composèrent le digeste auquel on a donné son nom. Je pense que cette ville n'est pas prête à ressaisir l'empire de la science; les élémens lui manquent, comme ils manquent à tous les pays gouvernés par les Turcs.

Heureusement que ce gouvernement n'a pas pu exercer son influence léthargique et destructive sur les choses de la nature comme sur celles de l'industrie et de la science. Aussi les monts Libans qui sont en vue de Beyrouth offrent toujours leurs courbes gracieuses, leurs distances ménagées, et leur verdure rafraîchissante, et cette tête plus élevée que les autres, toujours couverte de neige, comme d'une chevelure blanche; ce Sannyn, qui domine les collines de toute grandeur et de toute forme qui l'entourent, semble là, placé comme un vieillard géant, qui regarde au dessous de lui les générations multipliées et inégales auxquelles il a donné naissance.

M. de Lamartine trouvant à Beyrouth plus de ressources que dans les autres lieux de la Syrie, y fixa son principal séjour, prit et arrangea en conséquence une habitation près de la ville.

# XI

## Départ de Beyrouth pour Jérusalem.

Depuis quelques jours M. de Lamartine organisait tout ce qui était nécessaire pour le voyage par terre à Jérusalem et ne négligeait rien de ce qui pouvait le rendre aussi commode que le pays que nous allions parcourir le permettait.

Le 30 septembre la caravane fut passée en revue, et le 1er octobre, à deux heures de l'après-midi, nous partîmes. Madame de Lamartine qui ne devait pas être de ce voyage, quelques consuls et quelques amis nous accompagnèrent pendant environ deux lieues sur la route de Seyde, jusqu'à la plaine d'oliviers qui se trouve au delà des pins dont j'ai déjà parlé. Là nous nous fîmes nos adieux, et notre caravane poussant plus loin s'arrêta ce jour-là près d'un khan, nommé Seydett-Chaldel, situé au bord de la mer.

C'était la première fois que nous campions; c'était le

début de notre vie orientale. Tout intéressait, tout frappait l'imagination. D'autres caravanes de Turcs et d'Arabes nous y avaient précédés. Dans cette réunion de tant de monde, chacun y a son foyer et en quelque sorte son habitation. Car, là où vous déposez vos effets, où vous placez vos montures, personne n'approche; ce terrain est à vous, c'est votre propriété pour le temps pendant lequel vous l'occupez. On commença d'abord par décharger et par dresser les tentes; on attacha ensuite les chevaux par les pieds, ce qui se fait au moyen d'une corde allant du pied de devant à celui de derrière et se prolongeant ensuite jusqu'à un piquet planté en terre.

Le cuisinier, après avoir ramassé du bois, réunit trois pierres au milieu desquelles il établit son feu, ayant soin de placer l'ouverture de ce foyer improvisé du côté du vent. Pendant ce temps, d'autres domestiques courent dans le voisinage acheter des œufs et des poules qui sont aussitôt préparés pour la cuisson. Quand plus tard nous campâmes loin des habitations, on avait soin de faire ces provisions d'avance, souvent même celle du bois à brûler, car dans les campemens, hormis l'eau, tout y manquait quelquefois.

Pendant qu'on préparait ainsi le dîner, nous examinions les environs, ou nous nous reposions, ou bien nous écrivions ce que la journée avait offert de remarquable. Mais ce premier jour il n'y eut point de repos, tout était tellement nouveau, que nous ne laissâmes échapper aucun détail. Les individus composant les caravanes qui étaient déjà établies près du khan, lors de notre arrivée, nous examinèrent d'abord avec attention, à cause de nos costumes européens et de nos tentes, car les tentes en voyage sont un luxe peu commun dans les caravanes; il n'y a que les étrangers et les Turcs de distinction qui se les permettent. Ce moment d'examen ne dura cependant pas long-temps : les Arabes et les Turcs se remirent autour de leur foyer pour fumer et boire leur café avec le calme ordinaire d'Orient, et bientôt il n'y eut plus de véritables curieux que nous seuls.

Après le dîner, ne pouvant me détacher de cette scène, je rôdais tout autour des groupes, examinant successivement toutes ces figures étrangères, éclairées par le reflet du foyer et souvent couronnées par des auréoles de fumée, que leurs bouches lançaient lentement et à des intervalles assez longs. Je serais resté là tout une nuit à examiner, mais successivement chacun alla se coucher sur son tapis ou sa natte, et me trouvant à la fin seul, debout, je finis par faire de même.

Le lendemain, le soleil nous trouva levés, nous pliâmes nos bagages et nous marchâmes vers Seyde. Nous y trouvâmes l'agent de France qui nous offrit à dîner dans le khan qu'il habite. Ce khan appartient à la France. Il fut bâti, il y a quelques cents ans, par des négocians français qui s'y logeaient tous comme dans une espèce de forteresse, pour se mettre à l'abri des émeutes et des avanies des Turcs. A cette époque le commerce de Syrie se faisait par Seyde où maintenant il ne se trouve plus que deux ou trois maisons franques. Avec nous dînait un personnage assez extraordinaire, nommé Loustalon, autrefois général des Birmans, parmi lesquels il se fit une réputation très brillante. Revenu en France de ses expéditions lointaines, il fit des entreprises malheureuses, dissipa la fortune qu'il avait apportée de l'Inde, et finit par se retirer en Orient. Je ne sais si son imagination était déjà malade en y arrivant, ou si le séjour qu'il fit près de lady Stanhope a causé sa maladie; mais bientôt il se mit aussi à prédire à l'instar de sa bienfaitrice. Tant que leurs prédictions furent d'accord, ils vécurent en bonne intelligence. Mais aussi entêtés l'un que l'autre, aucun des deux ne voulant céder, il fallut se séparer. Loustalon partit, n'emportant rien au monde que sa Bible sous son bras, et un peu d'argent de quoi acheter quelques pains. Il erra dans des montagnes jusqu'à ce qu'il eût trouvé une grotte isolée, dans laquelle il se retira. Au bout de quelques jours, des Arabes vinrent avertir M. Giraudin, qu'un franc vivait seul dans une grotte abandonnée. M. Giraudin envoya de suite vers cet homme, croyant que c'était quelque malheureux sans ressources, dans le dessein de lui offrir l'hospitalité et de lui procurer un autre mode d'existence. On le trouva au fond de la grotte méditant sa Bible et voulant rester dans sa solitude. Sur les observations qu'on lui fit qu'il mourrait là de faim, s'il persistait dans son projet, ou que les bêtes sauvages viendraient le déchirer, il répondit simplement qu'il était sous la protection de la Vierge, qu'elle prendrait soin de lui. Ceux qui furent envoyés à sa recherche parvinrent cependant, à force d'instances, à le déterminer à venir à Seyde où il vit depuis ce temps-là.

Il écrit de temps en temps à son ancienne protectrice qui lui fait parvenir l'argent dont il a besoin pour vivre. Rien à Seyde ne peut plus rappeler les souvenirs de l'antique Sidon.

Nous repartîmes de là à la dixième heure du jour, comme comptent les Arabes et les Turcs qui, au lieu de commencer leur division de journée avec midi et minuit comme nous, commencent avec le lever et le coucher du soleil. Après avoir marché trois heures, nous arrêtâmes notre marche à un endroit nommé Antra (Arc), lieu très agréablement situé au pied des Libans et au bord de la mer. Sur la grève reposaient des barques qu'on avait mises à sec; les pieds des arbres d'un joli jardin touchaient presque aux flots; une maison, la seule qui s'y trouvait, donnait tout juste assez de vie à cette solitude pour en faire désirer la demeure.

Le chemin de Seyde à Antra est beau et uni, chose rare dans ce pays de montagnes. Nous passâmes à côté d'un énorme tas de pierres; du plus loin qu'on put l'apercevoir, les Arabes de la caravane ramassèrent chacun une pierre qu'ils jetèrent sur ce monceau en passant. Là-dessous gisait un malfaiteur, exécuté sur le lieu même, témoin de ses crimes; chaque homme y jette sa pierre en exécration de sa mémoire. Cet usage rappelle la coutume des Juifs de lapider les criminels, coutume qui leur était probablement commune avec les Arabes, leurs voisins et leurs ancêtres. La conservation d'un usage aussi ancien n'étonne pas, quand on parcourt ce pays. Car, je crois que nul peuple au monde n'innove moins que les Arabes. Maintenant on voit encore, comme du temps de Jacob et Laban, un jeune homme se mettre pour plusieurs années au service d'un père, afin d'obtenir au bout de ce temps, pour salaire de son travail, sa fille en mariage; les mêmes ruses s'emploient pour faire prolonger cette servitude, à cause de l'utilité que le père retire des travaux de son gendre futur.

Le 3, nous traversâmes la plaine de Sour (Tyr), en laissant cette ville à notre droite. Les souvenirs de son ancienne gloire et de son ancienne puissance cadrent mal avec sa désolation actuelle. Vous voyez là les prophéties d'Ezéchiel encore toutes vivantes, des aigles nombreux habitent les rocs voisins, sillonnent les airs en tous sens pour guetter une dernière proie sur cette plaine nue.

Cette plaine, plus longue que large, est arrosée du côté de Seyde par une belle rivière, et se termine du côté d'Acre par les puits de Salomon. Tous les élémens de propriété et de richesse s'y trouvent, mais personne ne les met en œuvre; tout est abandonné; quelques coins les plus près des puits sont cultivés, et la végétation y est continue et vigoureuse; nous nous y reposâmes. Cet endroit est nommé Raslain par les Arabes (tête de la source). Un grand sycomore nous servit d'abri, ainsi qu'à trois autres caravanes. Un long aqueduc part de ces sources vers Sour; des débris d'un aqueduc plus vaste, plus grand et plus ancien, existent encore dans quelques points de la plaine, et attestent une splendeur éteinte. L'eau qui alimentait cet ancien aqueduc, sort d'un puits énorme dont la maçonnerie indestructible est élevée à peu près à vingt-cinq pieds au dessus du sol et tient emprisonnée une source abondante, qui par sa chute fait tourner deux moulins, et forme un ruisseau en s'éloignant. Le diamètre de ce puits peut avoir trente pieds ; sa profondeur est inconnue, car l'eau en jaillissant ne permet pas d'atteindre le fond. De belles truites habitent cette source limpide. Quatre autres puits du même genre, mais de diamètres différens, sont dans le voisinage.

On dit que Salomon, pour récompenser le roi de Tyr Hiram, à cause des services que ses flottes lui avaient rendus pour les transports de bois lorsqu'il construisait le temple, fit faire ces puits, et donna ainsi en abondance à Tyr et à la plaine qui l'environne, l'eau dont elle était privée. On a élevé des doutes sur cette origine, mais personne n'a pu en assigner une autre, et ces constructions ont dû nécessairement être faites, quand Tyr était une ville riche et puissante. Leur antiquité et les sommes très grandes qu'elles ont coûtées, sont des témoins irrévocables et non révoqués.

A quatre heures du soir, nous quittâmes les puits, et après quelques heures de marche, nous entrâmes dans un chemin placé dans les flancs d'une montagne assez élevée, qui forme le cap Blanc. Ce chemin étroit et raboteux est cependant sûr, mais la mer que je voyais à mes pieds s'engouffrant dans des précipices, et la montagne qui pendait à pic sur ma tête, me le rendirent effrayant. L'extrémité de cette montagne qui fait le cap est formée de craie blanche comme la neige. La lumière que la lune y projetait, faisait briller d'un vif éclat les parties éclairées, mais rendait plus noires les anfractuosités produites par le choc continuel des flots, et agrandissait ainsi ces ombres hurlantes. Je fus saisis pendant tout ce passage d'un frisson involontaire qui, réagissant sur mon imagination, rendit probablement les objets plus terribles.

Plus tard repassant en plein jour par ce même chemin, je fus étonné de mes premières impressions; car, excepté la brûlante ardeur du soleil réfléchi par ces masses calcaires, aucune forte sensation ne me saisit.

Après onze heures de marche, depuis notre point de départ, nous plantâmes nos tentes au camp de Raffa. Le 4, après avoir voyagé entre les montagnes et la mer, nous entrâmes dans la grande plaine d'Acre, que nous traversâmes en appuyant sur notre gauche. Nous laissâmes la ville de Saint-Jean-d'Acre à quelques lieues à notre droite.

Ce jour-là nous ne marchâmes que pendant sept heures, et nous passâmes la nuit auprès d'un village situé au pied des montagnes du côté de la Galilée, dans un petit vallon très agréable.

---

## XII

**Séphora. — Nazareth.**

Le 5, dès la pointe du jour, nous étions prêts à partir. C'était ce jour-là que nous devions commencer notre voyage sur le sol de la terre sainte. Mes désirs de voir ce pays allaient toujours croissans, et après plusieurs heures de marche silencieuse entre des montagnes, nous découvrîmes la jolie plaine de Zabulon qui, malgré la négligence de sa culture et la saison avancée, offrait encore à l'œil un aspect délicieux; elle forme un carré long, ses quatre côtés sont bordés par des collines qui, disposées en amphithéâtre, s'élèvent doucement à mesure qu'elles s'éloignent. Des chênes verts et d'autres arbres nains les tapissent; des bouquets d'oliviers et de figuiers ornent les diverses échappées qu'on aperçoit entre elles, et même montent dans certains endroits jusqu'à leurs sommets. Nous traversâmes cette plaine dans sa plus grande longueur, dans l'espace d'une heure et demie, et gravissant ensuite une montagne, nous nous trouvâmes, après l'avoir tournée, au village de Saphora, ancienne Sephoris, demeure de Joachim et de sainte Anne; nous vîmes les ruines d'une grande église et des nombreux débris qui attestent une grandeur éclipsée; le nom de Dio-Césarée donné par les Romains confirme en quelque sorte ses titres de noblesse. Nous descendîmes de cette montagne vers une source qui se trouve au midi et nous y dînâmes. Pendant notre repas, une troupe de jeunes filles descendit aussi de la montagne en chantant, se tenant l'une l'autre par les bras; elles s'arrêtaient parfois, formaient des rondes et exécutaient ainsi une danse dont les mouvemens n'étaient pas sans grâce. Ne sachant à quel motif attribuer cette gaîté, on nous apprit qu'une noce devait avoir lieu le lendemain; qu'une députation d'entre elles était allée à Nazareth chercher les habits de la mariée, qu'elles venaient au devant de la députation en chantant et en dansant, et que de cette manière elles feraient leur entrée dans Saphora, en étalant avec pompe la corbeille de la fiancée.

A la fontaine où nous étions, venaient de temps en temps des femmes portant des cruches sur leurs têtes pour y puiser de l'eau. Jamais dans mon voyage je n'ai vu ces fonctions remplies par des hommes : c'est encore de l'écriture vivante.

C'est de Saphora que date pour moi cette série d'émotions religieuses que j'ai éprouvées en parcourant cette terre où chaque pas remue le cœur par mille souvenirs. De Saphora à Nazareth, il y a environ trois heures de marche. Combien de fois Marie n'a-t-elle pas fait ce chemin pour visiter ses parens ! A la source où nous nous reposions, s'est peut-être reposée cette mère admirable, cette femme qui est glorieuse par dessus toutes les femmes. Pénétrée de joie, celle à qui tant de douleur était réservée, elle venait par ce chemin se réfugier dans le sein de sa mère et lui confier ses espérances et son avenir. Absorbé en entier par ces pensées, mes yeux la voyaient, assise sur un âne, car elle était pauvre, traverser la vallée, monter et descendre les montagnes. Quelle douce joie l'accompagnait en marchant, et comme elle était heureuse d'aller raconter son bonheur à sa mère ! Nous ne pûmes pas tenir long-temps en place, et à peine reposés, nous continuâmes notre route ; traversant une petite plaine, nous nous engageâmes de nouveau dans les montagnes, et au bout de deux heures, arrivés sur le sommet, nous découvrîmes Nazareth. Nous saluâmes du plus profond de notre cœur cette terre où le verbe s'est fait chair, où le premier mystère de notre rédemption s'est accompli, où l'ange Gabriel est venu dire à la femme du charpentier : *Je vous salue pleine de grâce, le Seigneur est avec vous, vous êtes bénie entre toutes les femmes*. La ville se trouvait à nos pieds, sur un plateau situé un peu plus bas que mi-côte ; aussitôt nos yeux l'aperçurent tout entière, en dehors et à main gauche était l'église appartenant aux Grecs schismatiques, bâtie en forme de croix ; devant nous, plus à droite et assez avant dans la ville se trouvait l'église et le couvent romain qui s'élèvent derrière la mosquée. De plus nous vîmes l'église maronite et l'église grecque-catholique. Après nous eûmes contemplé à notre aise cette ville si touchante pour nous, malgré son aspect pauvre, nous allâmes demander l'hospitalité chez les moines du couvent latin. Là, j'appris que la population catholique de la ville était de quatorze cents âmes : huit cents Latins, trois cents Maronites et trois cents Grecs. On ne put me donner des renseignemens sur sa population entière. Le lendemain nous entendîmes la messe, et nous allâmes visiter la demeure de Marie ; le lieu où l'ange vint lui annoncer qu'elle serait mère ; en reculant par le souvenir à ces temps de miracles, ce qu'on éprouve ne peut se rendre que par des larmes, tant le cœur est plein. Là, dans cette pauvre demeure de pierres presque brutes du rocher, vivait en femme du peuple, celle que les siècles ont proclamée reine des anges. Là travaillait et souffrait celle à qui tout demande secours et protection. Là aussi Jésus passait son enfance, et foulait ce sol que les temps n'ont pu changer. Il allait dans cette synagogue s'instruire et prier avec les autres enfans. Car rien ne devait séparer le fils de Dieu, des fils des hommes, que plus de vertus et plus de souffrances. Ses jeunes mains jouaient avec le rabot et la scie, dans l'atelier de son père, auquel une pieuse tradition assigne un emplacement, et cette famille si simple, alors si ignorée, renfermait dans son sein celui qui devait renouveler la face de la terre. Quel lieu au monde peut offrir d'aussi touchans souvenirs ?

Le 7, après avoir adoré de nouveau dans le lieu de son incarnation celui dont nous recherchions les traces, nous allâmes vers le mont Thabor, distant de Nazareth de trois heures de marche. Cette montagne ronde, élevée, se trouve presque isolée au milieu d'une grande plaine; ses flancs sont couverts d'une riche verdure, et sur son sommet, parmi cette végétation si belle et si fraîche, sont des monceaux de ruines qui forment comme une couronne de lambeaux à cette montagne d'un aspect tout jeune. Que de couronnes, que d'institutions ne cachent pas les rudes atteintes du temps et la décrépitude, sous l'air de vigueur et de jeunesse des populations, en travail d'un avenir qu'elles n'aperçoivent pas encore! en bas et sur le penchant tout est vie, en haut on ne voit plus que quelques rameaux vigoureux au milieu d'une immensité de ruines.

C'est sur cette montagne qu'on a placé la scène de la Transfiguration. Les débris d'une ancienne église, bâtie par Hélène, en mémoire de ce miracle, se distinguent au milieu de tant d'autres débris. Sous eux une petite grotte dans laquelle on descend par huit à dix marches, ayant à ses côtés deux grottes plus petites encore, n'offrant à l'œil que la pierre brute, sert maintenant d'oratoire aux fidèles que la dévotion ou la curiosité amènent sur la montagne. Le prêtre qui veut y dire la messe, n'a pour autel que quelques grosses pierres posées les unes sur les autres, c'est tout ce qu'il y trouve, il est obligé d'apporter avec lui ce qui est nécessaire au saint sacrifice. Cette grotte, que rien ne ferme, sert successivement d'asile aux hommes qui vont prier et aux bêtes sauvages qui vont y chercher de l'ombre et du repos.

C'est ainsi que je me représentais les temples et les autels des premiers chrétiens ; des ruines et des déserts pour célébrer les saints mystères ; on n'y trouvait ni or, ni tissus précieux, mais là était la foi qui vivifie et enfante des miracles. Un prêtre nous y dit la messe que j'aidais à servir ; le silence solennel et absolu qui nous environnait, interrompu seulement par le bourdonnement monotone du prêtre récitant les prières, exaltait mon imagination à un tel degré, que si j'avais pu me convaincre que le martyre m'attendait au dehors, je me serais cru aux premiers siècles de l'Église ; mais les arènes ne sont plus là.

Quand on se place au haut de cette montagne, et qu'on regarde autour de soi, on tressaille aux souvenirs que les lieux qu'on a sous les yeux vous rappellent. Au midi, est Endor où Saül alla consulter la Pythonisse ; un peu plus loin et à droite, est Naïm où Jésus consola la veuve en lui ressuscitant son fils ; vers l'ouest, sont les montagnes de Nazareth et Séphora, demeure de sainte Anne ; au nord, on voit Cana, témoin du premier miracle du Christ ; au nord-est, vous reposez avec plaisir vos regards éblouis par le soleil sur les eaux bleues de la partie du lac de Tibériade qui avoisine Capharnaüm.

Quand j'examinais ainsi ces lieux, et que tant de siècles passés se déroulaient en quelque sorte sous mes yeux, que j'aurais volontiers, comme saint Pierre, fait dresser des tentes pour y vivre d'images et de souvenirs ! Je descendis à regret, j'aurais voulu rester plus longtemps pour jouir davantage de cette vue si variée et si étendue : j'aurais voulu examiner en détail ces débris que je foulais sous mes pieds ; car, après les espérances de l'avenir, rien ne plaît tant au cœur de l'homme que les souvenirs du passé.

Ce jour là, nous marchâmes encore cinq heures pour nous rendre au lac de Génésareth, près de l'endroit où sort le Jourdain. Ce lac doit avoir quatre à cinq lieues de long sur une lieue et demie de large, si j'en crois mes yeux : mais, depuis que je parcours les montagnes, ils m'ont tant de fois trompé sur les distances, que je n'ose plus y ajouter foi ; il s'étend du nord au midi. Telle est aussi la direction du Jourdain qui le traverse ; des montagnes l'environnent presque de tous côtés ; les points par où entre et sort le fleuve sont les seuls endroits où l'œil découvre des plaines, et encore ces plaines ont peu d'étendue. Plusieurs villes et villages entourent le lac. Quand je le vis, ses flots argentés par la lune étaient paisibles, quelques oiseaux se reposaient çà et là sur cette plaine limpide, mais nulle barque, nul homme ne venaient troubler le repos. Ces eaux où se fit la pêche miraculeuse ne sont plus frappées par les rames, et la dernière barque de pêcheur, qui appartenait au couvent de Nazareth, est détruite depuis quelque temps par l'abandon et la vieillesse. C'était sur cette mer de Galilée qu'étaient occupés ces hommes simples et pauvres, qui, à la suite de leur maître, pauvre comme eux, ont évangélisé le monde ; autour d'elle tous les lieux ont été illustrés par la vie et les actes du Sauveur ; Génésareth, Capharnaüm, Bethsaïda; le désert où Jésus nourrit la multitude qui le suivait, avec cinq pains d'orge et deux poissons, et la montagne où il se retira pour prier, quand le peuple, à la vue de ce miracle, voulut le faire roi, révèlent son amour pour les hommes; là tout est palpitant de doux souvenirs.

Le 8, vers les six heures du matin, nous cotoyâmes le bord occidental du lac, en allant du midi au nord. Nous vîmes les ruines d'un Emmaüs, un peu plus loin sont des sources chaudes d'eaux minérales, plusieurs sont abandonnées, il n'y a que la plus abondante, sur laquelle se trouve un établissement de bains consistant dans deux chambres contiguës. On monte du dehors dans la plus grande par un escalier de quelques marches en pierre; celle-ci communique avec la seconde plus petite, dans laquelle un bassin carré, de six pieds de diamètre, sert de baignoire; une tête en marbre y verse l'eau par la bouche : cette eau arrive trop chaude, il faut la laisser refroidir avant de pouvoir s'y baigner. Cet établissement est isolé, sans aucune habitation dans le voisinage; ceux qui viennent prendre les bains doivent camper sous leurs tentes o u habite r Tibériade, qui ne s'en trouve qu'à une demi-lieue. En poursuivant notre chemin, nous aperçûmes sur notre gauche, dans les flancs de la montagne, de nombreuses grottes; leurs entrées paraissaient d'un accès si difficile, qu'il n'était guère possible d'y arriver sans cordes ou échelles. Là habitaient autrefois des solitaires chrétiens, de ces âmes de feu qui sont en quelque sorte une transition entre l'ange et l'homme.

On aperçoit la ville de Tibériade d'assez loin, elle est bâtie au bord du lac sur un plan incliné, et présente, par où nous arrivions, la forme d'un triangle alongé, dont l'angle aigu serait tronqué. Ce triangle est formé d'une muraille en bon état, coupée à des intervalles assez rapprochés par des tours rondes à créneaux; dans l'angle aigu, qui est la partie la plus élevée, est le château-fort un peu séparé de la ville. Ces constructions datent du temps des Croisades, de ces temps où il y avait des comtes de Tibériade.

Dans cette enceinte se trouve, sans la remplir, une ville misérable, bâtie de quelques pierres et de boue séchée au soleil, habitée par des Turcs, quelques chrétiens grecs catholiques, et beaucoup de juifs, qui, de différentes parties de l'Europe, viennent dans un âge avancé s'y reposer et mourir, afin d'être enterrés en Judée, qui est aussi pour eux une terre sainte. Jérusalem renferme une quantité plus considérable encore de ces juifs qui viennent y terminer leur vie. Un d'eux, venu du fond de l'Allemagne, m'accosta près de la ville, et paraissait tout joyeux de pouvoir échanger quelques mots d'une langue des pays lointains avec un étranger parcourant sa patrie désolée, qui n'offre plus à ses anciens possesseurs qu'un repos souvent troublé et des modestes tombeaux.

C'est dans cette ville de Tibériade que Jésus-Christ appela Matthieu, du comptoir public, pour en faire un apôtre. Là, au bord du lac, à l'endroit où Jésus dit à Pierre : « Tu es Pierre et sur cette pierre je bâtirai mon

Église, » est bâti un temple catholique du rit grec, il n'a qu'une seule nef assez élevée et assez grande, et il est nu et sans ornemens. Le jour, il sert aux saints offices, et, la nuit, les pélerins qui viennent visiter Tibériade s'y reposent; c'est la seule retraite ouverte aux chrétiens dans cette ville, le berceau de l'Eglise.

Un Père de la Terre-Sainte officia dans notre présence, j'assistais ainsi aux cérémonies de cette église, à l'endroit même où dix-huit siècles auparavant elle avait été fondée; elle était alors bornée en quelque sorte dans ce point, et renfermée entre le Christ et douze hommes, tandis que maintenant je venais de douze cents lieues de loin me prosterner sur cette place; et partout où j'avais passé, l'Église du Christ était connue.

Nous sortîmes de la ville et suivîmes un chemin qui nous conduisit sur les montagnes; jetant un dernier regard sur le lac, nous aperçûmes sur ses bords, à l'extrémité nord du côté du couchant, l'emplacement d'une autre Bethsaïda, patrie des apôtres saint Pierre et saint André. A cette même extrémité nord, mais du côté du levant, était l'entrée du Jourdain, près de laquelle Capharnaüm avait existé; non loin de là, Jésus apparut quelques jours après sa résurrection à Pierre et à d'autres disciples, qui, ayant pêché en vain pendant toute la nuit, jetèrent le filet sur sa recommandation, et le retirèrent rempli de gros poissons sans qu'il se déchirât; Pierre se jeta à la mer, vint à Jésus, qui mangea avec ses disciples, et où il dit par trois fois au prince des apôtres de paître ses brebis et ses agneaux, lui prédit le martyre, et les laissa tous incertains sur le sort de Jean, le disciple bien-aimé.

Nous finîmes à peine de monter, que nous laissâmes à notre droite le mont des Béatitudes, un peu plus loin nous traversâmes une plaine où la multiplication des pains a eu lieu une seconde fois, et après quatre heures par un chemin pierreux et inégal, nous arrivâmes à Cana en Galilée, patrie de Simon l'apôtre et du juif Nathanaël. Ce village, situé sur le revers de la montagne, opposé au chemin de Tibériade, ne se découvre qu'à l'instant où on est près d'y entrer; les habitations offrent un aspect misérable, comme celui de tous les villages de la Palestine; nous y remarquâmes les ruines d'une église construite en mémoire du miracle du changement de l'eau en vin. Cinq jarres, enterrées dans le sol jusqu'à leurs bords, représentent celles dans lesquelles ce miracle se fit, et le prêtre qui nous accompagnait se mit sur ces ruines à réciter l'Évangile où il est mentionné. Le territoire de Cana finit du côté de Nazareth par un vallon très agréable et très fertile; nous arrivâmes, deux heures après l'avoir quitté, sous le toit hospitalier des moines de Nazareth.

Ainsi, dans ce court espace de temps, dans deux jours, nous avons parcouru une étendue de pays, où chaque pas a été marqué par quelque acte de la vie du Christ. Interrogez les montagnes et les plaines, les eaux et les pierres; parlez aux villes et aux hameaux; tous témoigneront de sa douceur ou de sa sagesse, de sa bonté ou de sa gloire. Quel est l'homme pour qui cette terre, témoin de tant de merveilles, ne sera pas une terre de piété et de respect religieux ; où est la terre au monde qui peut offrir des souvenirs de faits qui aient amené une plus grande masse de bonheur aux hommes. L'impression que j'ai reçue en la visitant ne s'effacera de ma vie. Pourquoi l'exaltation qu'une impression fait naître ne peut-elle toujours durer? pourquoi faut-il retomber si vite sous l'influence de la chair, de ses désirs et de ses besoins? pourquoi notre faiblesse nous étreint-elle comme le lierre étreint l'arbre? Que l'homme serait heureux! que sa vie serait belle, s'il pouvait vivre à la hauteur où son âme le place quelquefois!

---

# XIII

## Départ de Nazareth.

Nous séjournâmes le 9 à Nazareth, et le 10, après avoir traversé les montagnes qui environnent cette ville de la Galilée, nous longeâmes le Carmel jusqu'à Caïpha, petite ville qui est séparée d'Acre par un golfe. Ibrahim, pacha, vient d'y établir une batterie de canon, qui croise avec celles des forts d'Acre, et empêche ainsi les bâtimens de bloquer étroitement cette dernière ville. Après un moment de repos, nous traversâmes Caïpha, et nous arrivâmes au couvent du Mont-Carmel par une montée rapide, ayant marché sept heures depuis notre départ de Nazareth. Les religieux étaient occupés à se construire une nouvelle demeure, qui est ornée d'une belle église également en construction. Ce monument se bâtit avec les aumônes que les moines recueillent, car ils n'ont pas de biens. C'est surtout au zèle du Père, qui en est en même temps l'architecte, qu'on doit l'avancement rapide qu'on remarque dans ces constructions. La piété du roi de France, Charles X, a donné, et leur avait promis d'abondantes aumônes, mais la révolution qui l'a précipité du trône ne lui a pas permis de suivre les mouvemens de son cœur. Ce prince avait probablement senti combien il était utile aux pélerins et aux voyageurs de trouver des asiles sûrs dans un pays où un Européen en voyage se trouve isolé de tout.

Ce couvent, par sa position, domine d'un côté la mer d'Acre, et de l'autre la mer de Césarée. L'ancien couvent a été pris et détruit par Abdala, pacha, celui qu'Ibrahim vient de vaincre après un siége de sept à huit mois, dans Acre, sa capitale. Cet Abdala, trouvant la position du Mont-Carmel saine et agréable, résolut de s'y bâtir une maison de campagne. Son avarice, voulant éviter la dépense des pierres et des matériaux, fit croire à la Porte, sur un exposé infidèle, que le couvent du Mont-Carmel était une forteresse formidable, d'où l'on pouvait bombarder Acre; que ce lieu n'étant pas défendu pourrait être occupé par le premier ennemi qui se présenterait, et servir ainsi à la destruction de la ville. En conséquence il obtint un firman, qui lui donna l'ordre de démolir le couvent. Le consul de France (M. Pellavoine) n'en eut connaissance que quand le firman de la Porte qui ordonnait la destruction du couvent fut arrivé entre les mains du pacha, tant celui-ci avait mis de secret dans la conduite de cette affaire. Alors il protesta et voulut sur-le-champ se rendre à Constantinople pour faire révoquer cet ordre injuste. Le pacha le retint prisonnier, et il ne parvint à se sauver que quand il ne restait plus pierre sur pierre du monument convoité. Ce couvent était situé au moins à deux lieues d'Acre, à vol d'oiseau, et n'était pas plus une forteresse que les autres couvens de Terre-Sainte. C'était donc des pierres que le pacha voulait. Il a eu ces pierres; il a élevé sa maison pour laquelle la violence avait fourni les matériaux, et que l'iniquité a bâtie. Maintenant elle est abandonnée; le vent et la pluie y pénètrent partout, et en vain elle attend son maître. A côté d'elle s'élève un couvent plus beau que le premier, et les religieux spoliés y demeurent en paix.

Ce couvent est bâti sur une grotte dont le prophète Elie faisait souvent sa demeure. Les Pères nous en montrèrent encore une autre sur le flanc de la montagne du côté de la mer. L'entrée en est gardée par un santon turc, qui était absent quand nous fûmes la voir. C'est dans celle-là que le prophète réunissait ses disciples pour les instruire. Elle est grande, carrée, et couverte d'inscriptions grecques.

Le Mont-Carmel renferme une quantité d'autres grottes, qui, après avoir été habitées par les prophètes, ont servi plus tard de retraite aux solitaires chrétiens. Pythagore a aussi visité ces lieux. Ainsi, ce roc que nous foulions avait été témoin de méditations de toute nature; chacun y était venu chercher des élans et des inspirations. Comme cette montagne couverte de sauge et d'arbustes odoriférans pourrait encore servir de refuge agréable et silencieux à ces âmes ardentes et pieuses que le monde ne comprend pas, parce qu'il n'a pas en lui une échelle de comparaison pour les mesurer!

Le 12, nous quittâmes le Mont-Carmel. Au lever du soleil, nous avions déjà mis le pied dans la plaine. Le sommeil me tenait encore les yeux fermés. Je voyais et j'entendais sans voir et sans entendre. Mon mulet suivait la caravane sans que je me misse en peine de le guider. Il m'entraînait ainsi, dans cet état où l'on est encore assez éveillé pour sentir que tout mouvement volontaire dort encore. Une lumière couleur de rose traversait mes paupières appesanties. Le chant de l'alouette annonçant le jour faisait naître dans mon cœur des souvenirs lointains. Je me rappelais ces plaines où ce chant m'avait fait rêver tant de fois, où j'errais dans ma jeunesse, où des tendres et riantes illusions agrandissaient sans fin les bornes de mon horizon.

Le soleil avançant dans sa course me rendit bientôt par le feu de ses rayons aux lieux où j'étais et à la vie réelle. Dans cette transition, si complète et si brusque, de ces douces pensées d'enfance et de jeunesse, aux travaux d'un âge plus avancé, l'âme est accablée d'une pénible volupté, et d'un entier découragement. Le monde alors ne peut rien pour elle, mourir serait son seul bien, si levant le regard plus haut elle n'avait devant elle le but de sa création à atteindre; affaissée par le dégoût et la misère, elle ne peut se relever que dans le sein de celui qui est toute espérance et tout amour.

Quatre heures après notre départ du Mont-Carmel, nous nous arrêtâmes au Castellum Peregrinorum, autrement Pierre Encise, dont nous avons de loin aperçu les ruines. Nous suivîmes un chemin taillé dans le rocher jusqu'à un mur d'enceinte bâti de belles pierres de taille ; près de cette entrée, du côté de la terre, sont debout de hautes murailles ayant appartenu à un grand édifice dont je n'ai pu connaître la destination. Sur les rochers que baigne la mer existent aussi des constructions très fortes et très grandes ; qui, probablement, ont servi de magasins pour les marchandises, et de fortifications pour défendre le port. Un monument bâti à douze pans, au milieu de la ville, paraît avoir jadis été destiné à usage d'église. Trois pans plus en saillie indiquent les places des trois autels principaux. Une corniche règne en dehors du bâtiment; elle est soutenue, dans sa partie conservée, par des têtes d'hommes et d'animaux. Les enfans du misérable village bâti dans ces ruines nous les firent remarquer tout de suite, comme étant la chose la plus curieuse ; et en effet, excepté les figures conservées sur cette corniche, et la tête de marbre qui verse l'eau dans le bassin, aux bains, près de Tibériade, partout où j'ai vu des débris de statues, les figures en étaient tellement mutilées qu'on ne pouvait les reconnaître. Les Turcs regardent les représentations des êtres animés comme une idolâtrie. C'est ce sentiment qui les a fait effacer et détruire partout.

Tous ces édifices sont bâtis avec des pierres très grandes et très bien taillées, ce qui ferait croire à une origine romaine, si l'ogive qu'on rencontre partout n'assignait pas une époque moins reculée. L'effet de ces ruines est très pittoresque.

Nous couchâmes ce soir-là à un village nommé Tentoura, près d'un relais de poste qui se trouve dans un bâtiment carré très élevé que nous avions aperçu depuis plusieurs heures avant d'arriver.

Le 13, nous continuâmes notre route, et nous cotoyâmes les fortifications de Césarée. Ces fortifications sont dans un bon état de conservation, et consistent dans un mur flanqué de bastions carrés, et entouré d'un large fossé. Nous n'entrâmes pas dans cette ville, bâtie par Hérode et depuis fortifiée par saint Louis. Ce n'est qu'à notre retour que nous vîmes ces ruines entassées les unes sur les autres, et entièrement désertes. Une très grande quantité de colonnes, débris d'une destruction déjà antérieure, avait servi à bâtir les forts du côté de la mer. Des colonnes pareilles étaient cimentées dans la muraille en guise de pierres à bâtir, et des grands blocs de beau granit rouge étaient dispersés çà et là principalement près du port.

A la vue de cette ceinture de fortifications si bien conservée, autour de cet amas si complet de ruines, l'âme ne ressent que des impressions tristes; vous ne vous attendez pas à trouver la vie entièrement éteinte, là où vous voyez un état de défense encore menaçant.

Pendant que nous nous reposions à l'abri d'un mur, non loin du bord de la mer, nous vîmes entrer par la porte de Jaffa, dans cette ville dont nous étions alors les seuls habitans, deux pâtres conduisant un troupeau de bœufs. Ils s'arrêtèrent à un puits situé près de nous, et, avec leurs seaux de cuir attachés à une corde, puisèrent l'eau pour abreuver leur troupeau. Quand chaque animal eut bu, ils s'empressèrent de quitter ces lieux, où même, au milieu de tant de décombres, il ne croissait pas un peu d'herbe qui pût les engager à y séjourner quelques instans. Depuis Césarée, nous nous éloignâmes de la mer, et nous entrâmes dans une grande plaine de terre sablonneuse, couverte de buissons, cultivée dans quelques endroits, mais susceptible de l'être partout. Nous traversâmes ce jour-là deux rivières, et passâmes la nuit sous un grand sycomore, près d'un village où se trouvait aussi un relais de poste ; les chevaux de ces relais ne servent que pour les courriers du pacha, aucun particulier ne peut les louer ni s'en servir.

A peine eûmes-nous dressé nos tentes que le sheik du village vint nous rendre visite ; il entra dans la tente sans façon, salua et s'assit. M. de Lamartine lui fit offrir le café, et, après quelques instans de conversation, il se retira : un moment après, un jeune esclave apporta une pastèque de sa part. Plusieurs fois nous reçûmes de ces visites ; c'est une politesse qu'on fait à l'étranger qui arrive, politesse qui est toujours accompagnée d'offres de service.

Depuis Seyde, nous ne vîmes que des musulmans, excepté dans quelques villes et villages, comme Nazareth, Tibériade, etc., où nous rencontrâmes quelques chrétiens. Depuis Acre jusqu'à Jaffa, les habitans sont redoutés ; on les accuse de tuer et de piller les étrangers qui traversent leur pays. Nous n'avons eu aucun démêlé ni aucune plainte à faire ; mais nous étions un bon nombre d'hommes armés, et l'administration d'Ibrahim s'efforce de rendre les routes sûres.

Dans ce pays les hommes travaillent peu; nous les vîmes, presque partout, dix à douze réunis, assis à l'ombre d'une muraille, fumant la pipe et savourant le café, tandis que leurs femmes faisaient du mortier, maçonnaient, pilaient du blé, du café, ou étaient occupées à d'autres travaux.

Les costumes sont misérables, ceux des hommes moins que ceux des femmes, parce qu'un manteau couvre leurs haillons, tandis que les femmes ne portent qu'une chemise longue fixée autour des reins par une ceinture; elles sont nu-pieds et presque nu-tête, ont le teint de la figure et de la gorge hâlé, et l'aspect sale.

Le 14, nous marchâmes encore péniblement pendant six heures à travers le sable, les buissons et les plaines cultivées; nous nous arrêtâmes près d'un pont, sous les ruines d'anciens moulins; les ruines du vieux pont obstruent encore les arches du nouveau : un troupeau de buffles se baignait dans la rivière, dont les bords tapissés d'une belle verdure n'offraient cependant aucun arbre; mais nous y vîmes en abondance des joncs triangulaires, très élevés, et portant une tête chevelue en forme de goupillon : les Arabes appellent cette rivière *Nahr el Hawdja*, rivière tortueuse.

---

# XIV

## Jaffa.

Pendant que nous nous reposions, nous vîmes arriver à nous un brillant Arabe, vêtu de rouge et de blanc; c'était le fils de l'agent de France à Jaffa, qui, se trouvant à la chasse de ce côté, venait saluer les étrangers qu'il avait aperçus de loin; il s'offrit de nous accompagner à la ville qui se trouvait à une lieue et demie de distance, et de nous annoncer à son père.

Nous quittâmes ces ruines, et d'aussi loin que Jaffa nous apparut, son aspect nous ravit. Appuyée sur la mer dans laquelle la ville paraît assise, elle a devant elle une ceinture de verdure très variée; les grenadiers, les orangers et les citronniers y forment des massifs que les palmiers surmontent élégamment, comme les minarets surmontent les dômes des mosquées; mais, pareille à toutes les villes d'Orient, sa vue est belle au dehors, mais le dedans détruit tout l'enchantement.

Jaffa a été souvent citée dans les Croisades, et dernièrement encore, dans la guerre de Syrie par Bonaparte, cette ville a été tristement célèbre; le souvenir des pestiférés de Jaffa n'est pas éteint parmi nous, quoiqu'il le soit complétement à Jaffa même. Aucun habitant ne put me donner le moindre renseignement, et j'avais fini par conclure que le grand nombre de morts causé par les maladies, par la nostalgie et par le découragement, suite d'une campagne malheureuse, avaient fait circuler des bruits d'empoisonnement; que ces bruits, répandus par des soldats mécontens, avaient été reçus avec avidité et étaient devenus généraux sans aucun fondement solide. Plus tard, le père Francisco de la Grotte, supérieur général des Pères de la Terre-Sainte, homme très distingué, me raconta le fait de la manière suivante : L'hôpital des Français était placé dans le couvent des Arméniens; j'étais alors simple religieux à Jaffa. Lors de son évacuation par les Français, tous les malades susceptibles d'être transportés le furent; le soir, on administra une potion à ceux qui restaient; dans la nuit, presque tous moururent : deux, du nombre de ceux qui survécurent, se tuèrent le lendemain, de désespoir de se voir ainsi abandonnés. Sir Sidney Smith débarqua bientôt après, prit sous sa protection le peu de malades qui restaient et en eut le plus grand soin. Voilà exactement le récit que m'a fait un témoin oculaire.

M. Damiani fils, qui continuait à nous accompagner,

détacha presque aussitôt son janissaire et l'envoya à Jaffa vers son père, pour annoncer l'arrivée de M. de Lamartine. A une demi-lieue de la ville, un autre frère vint à notre rencontre, et plus loin, près des portes, nous vîmes venir au devant de nous un vieillard en costume turc, mais coiffé d'un énorme chapeau à claque, orné de franges à fils d'or; à côté de la bride de son cheval marchait un jeune esclave attentif aux besoins du maître. L'effet de ce costume, de ce chapeau européen avec une robe turque, était extrêmement bizarre. J'avais déjà remarqué plusieurs fois cet assemblage ridicule d'un vieux chapeau franc avec le costume oriental, sans en connaître le motif. J'appris alors qu'autrefois ce chapeau indiquait un agent franc, qu'il servait de marque pour le distinger, comme en France l'écharpe distingue le maire et l'épaulette l'officier. Maintenant on ne voit plus ce chapeau que sur la tête de vieillards qui n'ont pas voulu renoncer aux marques de distinction qu'ils ont portées dans leur jeunesse.

Après les complimens d'usage, M. Damiani tourna bride, et nous fîmes une entrée solennelle dans Jaffa: il nous procura un logement dans une maison vide de la ville, la sienne étant trop petite; nous fîmes nos repas chez lui, ce qui, du reste, avait lieu chez tous les agens; l'empressement, la cordialité qu'ils mettent à vous recevoir, à vous procurer tout ce qui peut être utile ou agréable est extrême; il faut avoir été dans le Levant pour voir jusqu'où l'hospitalité peut s'étendre.

Ayant à peine pris possession de notre logement, le

gouverneur de la ville et les agens des puissances franques vinrent rendre une visite à M. de Lamartine ; les différens consuls l'avaient recommandé sur toute la route, et il avait une lettre d'Ibrahim, pacha, qui ordonnait à tous les gouverneurs de lui fournir ce dont il aurait besoin pour l'utilité ou la sûreté de son voyage.

Dès la première visite que nous rendîmes à l'agent français, il nous raconta avec un chagrin non simulé ses démêlés avec l'agent sarde ; sa fierté en était profondément blessée : cet agent, nouvellement nommé par la Sardaigne, établit dans sa cour, selon l'habitude du pays, un mât pour hisser le pavillon de sa nation ; ce mât, voisin de celui de France, était plus élevé de deux pieds, de sorte que son pavillon flottait plus haut. M. Damiani depuis qu'il est agent, et il l'est depuis long-temps, n'a jamais vu flotter un pavillon plus haut que le sien. Son orgueil ainsi froissé, il en conçut une indignation très forte contre son collègue ; il s'en est plaint à son gouvernement, et a demandé le redressement de cette insulte. Comme aucun traité ni aucune stipulation diplomatique n'ont jamais déterminé à quelle hauteur les pavillons doivent flotter, ses plaintes furent vaines et ses doléances sans résultat. Il y avait un moyen bien simple de se faire justice et de relever sa dignité compromise, c'était de construire un nouveau mât de quelques pieds plus haut que celui de son voisin, et de braver ainsi au milieu des airs un peuple rival ; mais M. Damiani, bon, généreux, hospitalier, n'a pas de fortune, le gouvernement français ne lui fait aucun traitement, il n'a pu avoir recours à ce moyen ; et quoique déjà, depuis quelques années, le pavillon sarde flotte en paix au haut du mât, jamais il n'a pu le regarder sans éprouver un frisson d'indignation, et l'idée seule de le voir le poursuit comme un étouffant cauchemar; il ne manque pas de se plaindre de son humiliation à tous les Français qu'il voit. La nuit survint avant qu'il eût fini ce chapitre, et après avoir essayé sans succès de porter du baume dans une plaie aussi cuisante, nous allâmes nous coucher.

Le 15, à midi, nous partîmes de Jaffa, escortés de MM. Damiani fils et de plusieurs autres agens consulaires; tous étaient à cheval, coiffés de turbans et portant le costume arabe. Quatre soldats égyptiens nous accompagnaient ; ils étaient chargés d'empêcher qu'aucun étranger ne communiquât avec nous, à cause de la peste qui existait à Jérusalem et dans les environs.

Ces renforts, joints à notre caravane, la rendaient très imposante. Nous marchions au milieu des palmiers et des masses de verdure où brillaient en abondance le rouge vif des grenades et le jaune doré des citrons et des oranges; pour le coup, je me crus transporté dans ce fabuleux Orient des poëtes. A la vue de ces fruits si éclatans au milieu d'une verdure variée mais généralement sombre; de ces chevaux arabes caracolant d'un galop tronqué, mais obéissant dans leurs évolutions rapides à la pensée du cavalier; de ces manteaux les uns rouges, les autres bariolés, ornés d'or et d'argent, que l'air soulevait et drapait de mille manières ; de ces turbans de toutes couleurs, éclairés par un soleil prodigue de lumière et de chaleur, j'étais fasciné : tout le merveilleux et le fantastique des contes arabes devenait une réalité pour ma pensée.

Nous, avec nos chevaux fatigués et nos mulets chargés de bagages, blanchis de poussière et couverts de sueur, nous marchions lentement et nous offrions ainsi l'emblème de la vie matérielle, tandis que ces Arabes armés de leur djeridey, se poursuivant, s'évitant, puis s'arrêtant tout à coup pour s'élancer de nouveau, ressemblaient à la vie d'espérance et d'illusion. Nous traversâmes ainsi, frappés de ces images brillantes, ces délicieux bosquets au bout desquels nous entrâmes dans une grande plaine qui, quoiqu'alors sans verdure, paraissait mieux soignée et mieux cultivée que toutes celles que j'avais vues depuis Seyde.

A moitié chemin de Jaffa à Rhamla, une partie de notre escorte volontaire nous quitta, l'autre nous accompagna jusqu'à cette dernière ville, dans laquelle nous entrâmes vers les quatre heures. Long-temps avant d'y arriver, nous aperçûmes une tour élevée qui se trouvait à notre droite ; au pied de cette tour étaient les ruines d'un bâtiment carré, des arcades encore debout indiquaient les anciens cloîtres; au milieu du carré se trouvait une église souterraine, et au dessus un oratoire de derviches, mais la main du temps et la négligence des Turcs le faisait paraître une ruine de plus au milieu des autres. Ces ruines sont les restes d'un beau couvent des chevaliers du Temple, de cet ordre qui est disparu avant le temps et dont la mort violente est un des points saillans de l'histoire.

## XV

### Rhamla. — Abougoz.

A Rhamla, nous fûmes reçus par l'agent sarde qui avait fait d'avance préparer un superbe dîner. Cette réception splendide, qu'on fit à M. de Lamartine, nous vint fort à propos : le couvent des moines était fermé pour les étrangers; ces Pères étaient en quarantaine pour se soustraire à la peste qui ravageait les environs. Cette circonstance nous était fort égale pour Rhamla, mais devenait contrariante pour Jérusalem, où nous voulions séjourner quelque temps. Les moines ne recevant personne, ne pouvaient pas nous donner un logement dans leur couvent; ils ne pouvaient nous donner que la casa nova où ils recevaient tout le monde, et qui ne nous convenait nullement, puisque nous ne voulions pas communiquer. Fort heureusement pour nous, le Père supérieur-général, homme digne de sa haute mission, se trouvait dans ce moment à Rhamla; c'est le même qui me raconta l'histoire des pestiférés de Jaffa; ce Père, voyant notre embarras et désirant nous être utile, nous donna une lettre pour le couvent de Saint-Jean-Baptiste, situé à une lieue et demie de Jérusalem, où il espérait qu'on nous recevrait, parce que nous venions d'un pays non infecté, et que nous avions pris les précautions nécessaires dans notre route pour ne pas communiquer. Après avoir fait nos remercîmens à ceux qui nous avaient si bien traités et au Père général pour sa lettre, nous quittâmes Rhamla pour aller planter nos tentes à quatre lieues de là. Nous suivîmes une plaine assez ondulée, qui est la prolongation de celle de Jaffa; nous passâmes sous le village Hébab, que nous laissâmes à gauche; et à une lieue plus loin, savoir, à trois lieues de Rhamla nous traversâmes les premières collines placées en avant des montagnes de la Judée; à droite, sur l'une d'elles plus élevée que les autres, est le village de Latroan bâti au milieu des ruines, c'est la patrie du bon larron; les habitans conservent encore la réputation d'être voleurs.

Traversant ces collines, nous longeâmes un vallon traversé par un torrent, et arrivés à un ancien puits, nous nous y arrêtâmes. Près de ce puits est l'habitation isolée d'un jardinier; non loin de là en est un autre abandonné quoique plein d'eau. Ce soir-là, nous pensâmes à notre voyage du lendemain, au pays que nous allions traverser, qui était celui de toute la Judée, où l'on rançonnait le plus habituellement les pélerins, et à l'issue probable de notre requête d'hospitalité au couvent de Saint-Jean-Baptiste.

Le 17, nous achevâmes de parcourir la vallée de la veille qui allait en s'élargissant vers les montagnes, au pied desquelles étant arrivés, nous entrâmes dans une gorge que nous suivîmes pendant plusieurs heures.

Là commence le territoire d'Abougoz, ce chef arabe qui, avant la conquête d'Ibrahim, levait des contributions forcées et arbitraires sur les pélerins et les couvens de la Terre-Sainte. Des aigles nombreux planaient au dessus de cette gorge dans laquelle nous allions entrer, comme pour avertir que c'était le séjour du vol et de la rapine. Quelques figuiers isolés au milieu des rochers en indiquent l'entrée au voyageur; les extrémités arrondies des montagnes y sont enchevêtrées comme les dents de deux roues jumelles, et leurs flancs sont couverts d'un taillis fourré, laissant apercevoir par intervalles les pointes aiguës des rocs qui ressemblent aux saillies de la charpente osseuse d'un animal énorme. Des oliviers cultivés avec soin se voient de distance en distance, et, vers l'extrémité de cette gorge, des collines entières en sont couvertes.

Il n'existe pas dans toute la Palestine de bois de haute futaie; la hache des bucherons et le feu des pâtres empêchent les arbres de s'élever; le taillis trop vieux est détruit afin d'obtenir des pousses plus jeunes qui puissent servir de nourriture aux nombreux troupeaux qui paissent sur ces montagnes.

Sortant de cette gorge que nous avions suivie pendant deux heures, et arrivés au sommet d'une colline couverte d'oliviers, nous cûmes devant nous une série de montagnes plus élevées que celles que nous venions de monter, et poursuivant notre marche pendant encore une heure, nous nous arrêtâmes au village de Jérémie.

Ce village est la résidence d'Abougoz en temps de paix; mais dans les temps de guerre où il est obligé de veiller avec plus de soin à sa sûreté, il se retire dans un château-fort bâti sur le sommet escarpé d'une montagne dominant les autres, qui était devant nous à notre droite.

Ici commence la culture de la vigne qui se continue jusque dans le voisinage de Jérusalem; les ceps ne sont pas soutenus, mais rampent sur la terre; les raisins sont d'une beauté et d'une bonté remarquables; leurs grandes grappes, formées de grains alongés, brillent comme l'or et sont transparentes comme l'ambre. Quand elles sont cueillies depuis quelques heures, la surface des grains devient visqueuse et comme recouverte de sirop; on dirait que le sucre en sort par tous les pores; en les mangeant, le palais n'a rien à envier à l'œil.

Les terrains de ces vignobles, situés sur le penchant des montagnes, sont soutenus par des murailles qui nécessitent des soins et un entretien journaliers. Tandis que les belles plaines de la Palestine, qui ne demanderaient que peu de soins, peu de peines pour rendre des moissons abondantes, sont en friche et presque entièrement abandonnées. Pourquoi cette différence que j'ai aperçue presque partout dans ce pays? ce travail souvent opiniâtre dans les montagnes et cette incurie si grande dans la plaine? Cela ne peut être que parce que celles-ci ont toujours su se conserver plus de liberté. L'action stupéfiante du despotisme n'a pas pu engourdir le bras du montagnard au même point que celui de l'habitant de la plaine.

A Jérémie est une église souterraine surmontée d'une autre qui sert maintenant d'étable.

M. de Lamartine avait à faire remettre à Abougoz une lettre de lady Stanhope ; le chef arabe vint nous trouver avec sa maison sous le figuier où nous faisions halte. Lui et son monde se placèrent devant nous en formant un demi-cercle dont il était le milieu ; son frère était à côté de lui, les autres se rapprochaient de ce milieu selon leur grade et leur dignité. Abougoz a une belle taille, une figure ronde, pleine et assez douce ; en le voyant, il serait difficile de reconnaître en lui le chef de ces douze mille honnêtes voleurs auxquels il commande : il parle peu et son air est commun ; son frère, d'une figure plus maigre, plus alongée, en revanche parle beaucoup. La conversation générale qui eut lieu fut insignifiante; à l'instant de nous séparer, Abougoz et son frère se levèrent, prirent à part M. de Lamartine pour le prier de dire à lady Stanhope, que lui, Abougoz, serait prêt avec ses Arabes au moment opportun. Nous conjecturâmes par là que lady Stanhope servait d'intermédiaire entre les Arabes de l'intérieur et ceux du désert, pour le mouvement qui devait s'opérer contre Ibrahim en faveur du grand-seigneur. Depuis quelque temps le bruit courait dans la Syrie, que les Arabes du désert se rassemblaient pour fondre sur les derrières des Égyptiens et leur couper ainsi toute communication par terre avec leur patrie ;

Abougoz devait être de la partie de cette prise d'armes où il y avait à piller et à empêcher l'établissement d'un gouvernement plus régulier que celui de la Porte ; deux raisons, dont une seule eût suffi pour le déterminer. On disait aussi que, pour s'opposer à ce mouvement, le pacha d'Égypte envoyait une armée de 12,000 hommes. Du reste, pendant notre séjour, on s'est contenté de parler de toutes ces choses, car il n'est venu ni Arabes, ni armée d'Égypte ; cependant, si Ibrahim dans sa dernière bataille avec les Turcs avait eu le dessous, ce soulèvement aurait certainement eu lieu et les Égyptiens se seraient trouvés dans une fâcheuse position.

A notre second voyage à Jérusalem avec madame de Lamartine, Abougoz se présenta de nouveau, et apprenant que nous croyions aller en Égypte, il supplia madame de Lamartine de faire parler à Mehemet-Ali en faveur de son frère qu'on venait de prendre en ôtage ainsi que plusieurs chefs considérés. Le pacha d'Égypte, ayant probablement été instruit des dispositions douteuses d'Abougoz et de ses Arabes, il se sera servi de ce moyen pour avoir un garant de leur fidélité.

Abougoz nous parlait de lady Stanhope avec considération; il venait de recevoir d'elle, depuis quelques jours, un habit brodé qui lui avait fait grand plaisir. L'influence de cette femme extraordinaire a diminué cependant beaucoup avec la diminution de ses revenus, et je crois que les Arabes l'abandonneront entièrement du jour où elle n'aura plus rien à donner.

En quittant Abougoz, il nous donna pour guide son

neveu, qui se mit à la tête de la caravane pour nous précéder dans notre marche vers le couvent de Saint-Jean.

Au sortir de Jérémie, nous traversâmes un pont placé au dessus d'un torrent, au delà duquel la route se bifurquait : la branche à gauche conduisait à Jérusalem ; nous prîmes celle qui se trouvait à droite. A moitié chemin à peu près de Jérémie et du couvent, après environ trois quarts d'heure de marche entre les montagnes est un autre torrent, fameux dans l'histoire des Juifs ; c'est son lit qui fournit à David la pierre avec laquelle il tua Goliath : nous traversâmes cet antique champ de bataille où l'adresse vainquit la force, et nous poussâmes jusqu'à Saint-Jean-Baptiste.

Depuis Jérémie, les montagnes deviennent nues, et si ce n'était des oliviers qu'on voit dans les vallons, et quelques champs de vigne, l'œil ne se reposerait que sur des pierres.

Après le pont de Jérémie, le chemin à gauche que nous prîmes quand nous nous rendîmes directement à Jérusalem avec madame de Lamartine, présente d'abord une montée longue et peu rapide, suivie d'une descente proportionnée qui se termine à un torrent ; un pont le traverse, près duquel se trouvent quelques habitations qui donnent de la vie à cette vallée. Dans la descente, avant d'arriver au pont, est une petite fontaine, l'eau en est très fraîche et très claire, le rocher d'où elle sort est maçonné de manière à ne laisser qu'une étroite ouverture comme une meurtrière qui ne vous permet d'atteindre à l'eau qu'avec les mains ou de très petits vases. On a rendu l'approche de cette fontaine difficile, pour empêcher qu'on ne la tarisse en s'en servant pour les animaux.

Quand on a traversé le pont, on monte de nouveau pendant une heure pour arriver sur un plateau assez étendu; le chemin sur ce plateau est encombré de gros morceaux de roches, ce qui oblige à faire des zigzags continuels pour les éviter; alors on aperçoit bientôt le mont des Oliviers, et, approchant davantage, on finit par découvrir Jérusalem, et près de la porte de Bethléem ce chemin se joint à celui qui vient du couvent de Saint-Jean-Baptiste.

---

# XVI

## Le Couvent de Saint-Jean-Baptiste.

Le couvent de Saint-Jean-Baptiste et le village qui y est joint sont situés comme presque tous les villages de la Judée sur un petit plateau à mi-côte de la montagne. On ne trouve sur le sommet des montagnes et dans les vallons, que très rarement encore, quelques habitations isolées. Le soin de leur santé oblige les habitans à choisir ces emplacemens. Les vallées et le voisinage des eaux causent des fièvres longues et rebelles ; les sommités des montagnes sont exposées aux vents froids et vifs, et l'eau se trouve à une trop grande distance. En se plaçant à mi-côte, les habitans sont moins exposés au froid et préservés de la fièvre. En arrivant, nous frappâmes à la porte du couvent, M. de Lamartine fit remettre la lettre du Supérieur général au gardien, et après quelques pourparlers, on nous accorda l'entrée.

Dans tous les couvens où nous avons logé, nous avons

été accueillis avec la plus cordiale hospitalité. Comme c'est celui où notre séjour a été le plus long, où j'ai trouvé les moines les plus unis, les plus renfermés dans l'esprit de leur état, je l'ai choisi de préférence pour donner des détails sur les couvens de la Palestine. Les religieux de la Terre-Sainte sont des espèces de capucins ; ils portent une robe longue, couleur marron, d'une grosse étoffe, serrée autour de leurs reins par un cordon blanc, qui se noue sur le côté gauche, et dont les extrémités pendent à peu près aussi bas que la robe. A droite, est un chapelet. Cette robe est surmontée d'un capuchon qu'on relève sur la tête ou qu'on abaisse à volonté. Leur tête est rasée, excepté une petite couronne de cheveux qu'ils conservent à la hauteur des tempes ; ils laissent croître leur barbe, sont nu-jambes et portent des sandales.

En m'informant du prix de chaque objet et du temps qu'il dure j'appris que chaque moine ne coûte annuellement au couvent que quatre francs par an en dépense d'habits.

Les moines font deux repas par jour ; leur nourriture est abondante, saine, mais commune et préparée très simplement. Un de ces repas est souvent supprimé ou considérablement modifié à cause des jeûnes nombreux auxquels ils sont soumis. Ils vont au chœur plusieurs fois le jour et la nuit, pour chanter les offices. Dans leurs heures libres, ils se promènent dans les cloîtres ou sur les terrasses, s'entretiennent de leur ordre, ou parlent de leur patrie : un trop petit nombre s'occupe alors de lecture ou d'étude.

Dans chaque couvent un Père est investi des fonctions de curé pour le service des chrétiens du dehors. Celui-là sait parler l'arabe, il est le seul qui confesse les personnes étrangères au couvent. Les autres Pères ne peuvent le faire qu'avec une autorisation spéciale du Supérieur général.

Les couvens reçoivent tous les pélerins d'occident, les logent et les nourrissent gratis, pendant trois jours; celui de Jérusalem accorde une hospitalité plus longue. Leur service est fait par des frères lais.

Quand la peste se déclare dans le pays, les religieux se mettent en quarantaine, et ne communiquent plus avec le dehors. Il n'y a que le curé qui reste en libre pratique, afin d'être à même de porter les secours spirituels partout où on les réclame. Ce dévouement lui est ordinairement funeste, et les exemples de curés morts de la peste, par suite de l'exercice de leurs fonctions sont très communs. Ce poste ne rapporte rien que plus de travaux et plus de peines, et quand il vient à vaquer, même au milieu d'une meurtrière épidémie, l'homme qui doit le remplir se trouve toujours là.

Les religieux en général aiment l'état de quarantaine, parce que cela les débarrasse des importunités journalières des chefs des villages, qui demandent toujours, quelquefois menacent, et finissent par accepter du café et du tabac, quand ils n'ont aucun espoir d'obtenir autre chose. On ne peut concevoir combien sont importuns les gens qui sont propriétaires, dans l'aisance, les riches du pays enfin. Ils sont comme nos pauvres des rues, qui, quand vous les renvoyez de la porte, viennent à la fenêtre, et dont on ne se débarrasse après vingt refus, qu'en leur donnant quelque chose. Dans beaucoup d'endroits, les couvens sont dans l'obligation de les ménager. Car souvent ces hommes ont été causes d'avanies qui profitent à plus puissans qu'eux. Les chrétiens espèrent maintenant, si le gouvernement d'Ibrahim se maintient, de pouvoir, moyennant une contribution régulière, jouir en paix de ce qui leur appartient.

Les moines du couvent de Saint-Jean-Baptiste sont tous espagnols; le gardien actuel se nomme le père Lopez. Les voyageurs qui visiteront le couvent, quand ils verront un homme de haute taille, maigre et la figure pâle, ayant toujours le même calme, occupé sans cesse à veiller sur les autres et à les servir, ne mettant jamais ni plus ni moins d'empressement, mais toujours là quand on peut avoir besoin de quelque chose, pourront être sûrs que c'est le Supérieur. Que pénétrés de reconnaissance ils le remercient des services qu'il leur rend, ou qu'ils les acceptent avec indifférence, cette figure conservera la même expression, et la conduite du Père ne variera pas. Serviteur fidèle et désintéressé, il rapporte tout à son maître, à qui seul il lui importe de plaire. Ni la curiosité, ni aucun autre motif mondain, ne l'amèneront, ni ne le retiendront un instant près de vous. La journée finie, interrogez tout le monde, vous entendrez jusqu'au dernier domestique vous dire que le Supérieur s'est occupé de lui, qu'il a pourvu à ses besoins comme la règle de l'hospitalité le prescrit envers le pélerin.

Il n'est pas étonnant que sous un tel Supérieur l'union règne parmi les moines. Vous voyez parmi eux des figures différentes, des caractères plus gais, d'autres plus sombres, enfin ces variétés qu'on rencontre dans toute réunion d'hommes; mais ici vous trouvez partout cette paix du cœur et cette joie innocente qui résultent d'une conscience tranquille et d'une vie à l'abri des soucis de ce monde.

Nous avons été extrêmement satisfaits des religieux tout le temps que nous avons séjourné à Saint-Jean quoique la peste qui règnait dans les environs rendît pour eux notre réception dangereuse. Ils nous ont, après nos excursions, toujours admis sur notre simple parole, et cela avec le même empressement, la même charité, que s'il ne se fût agi pour eux d'aucun danger. Cependant nous pouvions leur apporter la mort. Cette entière confiance de ces Pères a fait peut-être notre conservation. Il est douteux que nous eussions songé aux précautions minutieuses que nous avons prises si nous n'avions été liés par notre parole envers eux, et je crois que je puis dire avec justice que leur charité a fait notre salut. Cette raison nous empêcha le lendemain de visiter la ville; nous nous contentâmes d'en faire le tour jusqu'à ce que le gouverneur, ayant été averti, pût envoyer aux portes une garde suffisante pour rendre notre entrée à Jérusalem libre et sûre.

---

# XVII

### Jérusalem et ses alentours.

Le 18, nous partîmes à cinq heures du matin pour aller voir Jérusalem, dont nous étions éloignés d'une lieue et demie; le chemin était rude et inégal, les montagnes devenaient de plus en plus désolées; mais ce qui nous entourait nous touchait peu : nos yeux à tous se portaient vers l'endroit où devait se trouver la ville sainte.

Parvenus au haut d'une montagne après environ une heure de marche, nous vîmes la cité de David, et derrière elle le mont des Oliviers. Nous ne distinguâmes que peu de choses, mais cette vue augmentant nos désirs nous accélérâmes nos pas en saluant avec une profonde émotion cette ville où s'opéra le salut de l'homme, que les nations appellent sainte, qui, après cent catastrophes, cent bouleversemens, se trouve toujours debout au milieu de son désert de rochers arides.

Arrivés près de la porte de Bethléem, nous nous disposâmes à faire le tour de la ville en dehors des murailles. Ce jour-là ne devait pas être celui de notre entrée. Près de cette porte, sont deux sycomores et un cimetière turc. C'était un vendredi, beaucoup de femmes visitaient ce cimetière, et se groupaient autour des tombeaux comme des statues blanches accroupies. Tantôt elles causaient entre elles, tantôt elles psalmodiaient un chant uniforme. Dans quelques endroits j'en vis une seule détachée des autres, placée à la tête du tombeau, chantant sur un ton triste et mélancolique des strophes adressées au mort. Chaque strophe finie, elle laissait écouler en silence un temps assez long, pour que le mort pût répondre par une pareille strophe. Probablement l'imagination de la femme qui chante et pleure, remplit avec les paroles qu'elle désire cet intervalle laissé à celui qu'elle aime encore, et cette conversation intime, cette conversation toute d'illusion et de sentiment, dure souvent très long-temps. Combien l'imagination de cette femme exaltée par la douleur ne doit-elle pas être satisfaite de causer ainsi tête à tête avec un ami qui lui fut cher; de pouvoir donner par une fiction inspirée par la tendresse un reste d'existence à celui qu'elle ne doit plus revoir? Qu'elles sont touchantes ces visites faites à des tombeaux, où l'on vient voir ses amis perdus, s'entretenir avec eux, y passer son temps! Les quitter avec la promesse d'y revenir encore, c'est presque ne pas s'en séparer.

Continuant notre marche nous laissâmes derrière nous la porte de Damas, une piscine en ruines, et la porte d'Ephraïm, aujourd'hui murée. A quelque distance à gauche est la grotte de Jérémie et le tombeau des Rois; vaste cour carrée, taillée dans le roc, où l'on entre par une porte cintrée, à demi bouchée par des débris. Dans un des côtés, sont deux chambres, communiquant entre elles par un trou rond et étroit. Ce grand travail tout entier fait dans le roc ne réveille aucun souvenir, car l'on n'en connaît ni l'auteur, ni la destination. Nous tournâmes ensuite le nord de la ville. Au levant, près de la porte de Marie, gît la pierre sur laquelle saint Étienne a été lapidé. C'est par cette porte que ce premier martyr de la foi sortit pour subir son supplice. Peu loin de là, Saül gardait ses habits et s'associait ainsi au crime de ses bourreaux.

Presqu'immédiatement après cette pierre, nous descendîmes et traversâmes la vallée de Josaphat et le torrent de Cédron; remontant ensuite sur le mont des Oliviers, nous eûmes à notre gauche l'église grecque, qui renferme le tombeau de Marie et la grotte de l'Agonie.

A droite est un reste du jardin de Gethsémani, où sont ces vieux oliviers, témoins muets, mais encore vivans, de cette grande scène de douleurs. Là il se fit un moment de silence et de recueillement dans toute la caravane; chacun pensait en lui-même, c'est cette terre qui a reçu les pleurs mêlés de sang de notre Sauveur. Ici se passa cette agonie amère où la faiblesse humaine, se faisant jour un moment, fit dire au fils de l'homme : Que ce calice, s'il est possible, s'éloigne de moi! mais reprenant courage, il ajouta : Mon Père, que votre volonté soit faite et non la mienne ! A la vue de ces lieux, à la vue de ces arbres vénérés, qui couvrent de leur vieil ombrage cette terre sacrée, l'âme devient triste ; ici, l'innocent portait l'affliction du coupable, il la portait volontairement et par amour.

Du jardin de Gethsémani, nous achevâmes de monter par un sentier roide au sommet du mont des Oliviers, qui est encore le mont des Oliviers après tant de siècles. Ses flancs portent toujours ces arbres, symboles de la paix. A peine arrivés sur son sommet, nous nous retournâmes pour contempler à notre aise Jérusalem, qui se montre tout entier, placé en amphithéâtre, au delà de la vallée de Josaphat, ayant Sion à sa droite. La vallée de Josaphat, située au levant de la ville, s'étend du nord au midi ; on la voit tantôt plus large, tantôt plus rétrécie ; ici escarpée, là offrant une pente plus douce, étranglée dans différens endroits ; parcourue dans son milieu par le torrent de Cédron, qui, par moment, passe avec tumulte et fracas, et ne laisse après lui qu'un lit pierreux et desséché. Nulle verdure dans cette vallée : tout est stérile, tout serait solitaire, si les morts ne l'habitaient ; mais elle est couverte de tombeaux ; chaque siècle, chaque âge lui en ont fourni. Toutes les croyances y ont cherché un dernier asile. Les Turcs et les Juifs continuent à la peupler encore, et d'ici jusqu'au dernier jour les hommes voudront s'y reposer. C'est là, d'après la tradition juive et mahométane, que le jugement dernier doit avoir lieu ; c'est dans cette vallée que Dieu, après avoir fait sonner de la trompette aux quatre coins du monde, réunira le genre humain, et viendra révéler à tous son immense justice, en donnant à chacun selon ses œuvres.

Jérusalem semble contempler avec effroi cette vallée terrible et trembler d'avance à l'approche d'un tel jour. Cette ville de pierres blanches, éclairée par un soleil ardent, me semblait morte ; rien n'y remuait, rien n'y résonnait, ni pas d'hommes, ni vol d'oiseaux. Seulement, après quelques heures de ce silence, nous vîmes sortir lentement sous la porte de Marie, deux cercueils, quatre hommes les portaient ; ils étaient suivis de quelques amis et d'un grand nombre de femmes. Un chant plaintif venait frapper nos oreilles : c'est la seule vie que nous aperçûmes dans Jérusalem.

Devant nous était la Porte d'Or, la plus belle des portes de la ville ; c'est par elle que Jésus-Christ passa le jour des Rameaux, accompagné par les acclamations et la faveur du peuple. Quelques jours après, ce même peuple le maudissait et l'accablait d'injures, quand par une porte opposée il marchait à son supplice. Les Turcs l'ont fait murer ; une de leurs prophéties annonce que c'est par cette porte que les chrétiens doivent entrer, quand ils reprendront Jérusalem.

Derrière elle est l'emplacement du temple bâti par Salomon, de ce temple qui contenait l'arche de la vieille alliance. Sur cette grande place carrée est la mosquée d'Omar, une des quatre mosquées sacrées des Turcs. Un dôme élégant, élevé sur un bâtiment octogone dont chaque côté offre sept arcades en ogive, d'une architecture gracieuse et légère, forme un édifice remarquable, qui fait plaisir à l'œil. Plus à gauche et atteignant les murs de la ville, est une mosquée sur l'emplacement de l'église de la Présentation. Au nord du temple, est la ville des Machabées, habitée par des Turcs. Là était le palais d'Hérode.

Sur un second plan plus élevé derrière le temple, et regardant un peu à gauche, on voit un grand dôme sombre et massif; c'est le dôme du Saint-Sépulcre, en partie masqué par un dôme en pierre blanche d'une église qui appartient aux Grecs, et qui tient d'un côté au Saint-Sépulcre et de l'autre à leur grand couvent, qu'on aperçoit à gauche de cette église. Plus haut, mais plus à droite, près la porte de Bethléem est le couvent latin. A la même hauteur, plus au midi, un long mur indique le couvent arménien. Près de la porte de Sion, est la maison d'Anne. Au delà de cette porte, au midi de la ville est Sion, cette montagne tant aimée et tant chantée par David, qui y établit sa demeure et voulut y avoir son tombeau. Cette montagne où Jésus-Christ fit la dernière cène et donna à l'homme la plus grande marque d'amour possible, en lui faisant manger sa chair et boire son sang, et voulant, par un miracle perpétuel, faire pour tous ce qu'il fit pour ses apôtres. Une grande mosquée occupe l'emplacement du tombeau de David, et près des murailles de la ville est la maison de Caïphe.

Nous mîmes quatre heures à contempler ainsi Jérusalem; jetant enfin les yeux autour de nous, nous vîmes à l'est une mosquée bâtie sur l'endroit où Jésus-Christ disparut du milieu de ses disciples pour monter vers son Père et s'asseoir à sa droite. Plus loin, la vue s'étend sur une suite de montagnes stériles, terminées par celles d'Arabie, qui sont au delà de la Mer Morte. Près de nous, au midi, était un souterrain, jadis destiné à servir de tombeau, dans lequel Jésus se retira pour pleurer sur Jérusalem. Plus loin, le mont de l'Offense, ainsi nommé parce que Salomon y avait bâti des autels aux faux dieux. Cette montagne n'est séparée de celle des Oliviers que par un vallon étroit et peu profond, dans lequel se trouve le chemin de Béthanie. On nous montra aussi le Champ-du-Sang; cette terre du potier qui avait été achetée avec le prix de la trahison.

Pendant cette longue contemplation de Jérusalem, aucun de nous ne s'était empressé de communiquer aux autres ce qu'il éprouvait; nous étions tous trop occupés à sentir, pour avoir le besoin de l'exprimer. Successivement tous les souvenirs de David, de Salomon et des prophètes s'offrirent à notre imagination.

L'histoire des nombreuses vicissitudes du peuple juif, de ce peuple prédestiné, dominée par ces grandes figures, qui, comme une source non interrompue, s'y succèdent jusqu'à l'arrivée du Christ, frappait nos esprits.

Cette histoire, où depuis le commencement jusqu'à la fin, on ne voit qu'un seul résultat à obtenir, un seul but à atteindre, celui de la délivrance de l'homme; où les calamités et les malheurs sont des punitions, la paix et le bonheur des récompenses; où à chaque pas on aperçoit une force supérieure et providentielle maintenir ce peuple uni et le conserver dans l'héritage promis à ses pères, afin que celui qui doit naître pour le salut des hommes puisse avoir une nation qui rende témoignage de lui ; cette histoire était parlante devant nous. Pour l'homme à qui le peuple juif apparaît avec cette imposante unité et cette haute mission, placé, ainsi que nous, en regard de Jérusalem, le verset d'un psaume, ou l'exclamation d'un prophète sera toujours une cause abondante d'émotions.

Les pierres de ces montagnes paraissent tressaillir encore aux sons des paroles sublimes dont elles ont été les échos ; nulle autre part des sons pareils n'ont résonné ; nulle autre part non plus d'aussi magnifiques promesses n'ont été accomplies. Après l'effort de cet immense enfantement, après la venue de l'élu des nations, toute énergie et toute force abandonne ce même peuple ; il n'est plus agent actif dans les destinées de ce monde ; il n'est plus là que comme un témoin permanent pour déposer en faveur de celui qu'il a méconnu, et marcher ainsi à une fin prédite depuis son origine. Nous quittâmes ces lieux, le cœur rempli d'images sombres et grandes comme seraient celles que les poètes prêteraient à l'homme qui évoque le destin ; nous portâmes nos pas vers la porte de Bethléem, en passant au dessus du mont Sion.

Nous descendîmes de cette montagne des Oliviers où nous nous étions assis pour la première fois, nous traversâmes de nouveau le torrent de Cédron, et continuant d'avoir la ville à droite et la vallée Josaphat à gauche, nous poursuivîmes notre chemin profondément pénétrés de tout ce qui frappait sans cesse nos yeux. A mesure que nous montions, le sentier devenait plus étroit, le précipice à notre gauche plus profond. Laissant derrière nous la porte Sterquiline, et passant au midi de la ville, nous nous trouvâmes sur la montagne de Sion, près de la porte du même nom. Que cette montagne a dû être différente de ce qu'elle est aujourd'hui; quand tous ces réservoirs qui l'entourent, étaient entretenus et pleins d'eau, et que la végétation que l'eau apporte partout avec elle y était dans sa beauté. Le contraste de sa nudité et de sa sécheresse actuelle est une chose triste comme tout ce qu'on voit à Jérusalem. De l'autre côté d Sion, nous vîmes un nouveau champ de morts; c'étai celui des chrétiens. Dans ce cimetière désert, quatr hommes étaient occupés en silence à creuser une fosse près d'eux était un mort étendu sur une civière : sa figur nue portait encore les traces de l'agonie; il était sai linceuil, sans cercueil, couvert seulement de ses mai vais vêtemens. Il n'y avait ni amis pour le suivre, femmes pour le pleurer, personne pour lui témoigner moindre intérêt. Ce mort était un pauvre chrétien, qı la peste venait de moissonner. Au bas de ce cimetièr un peu plus loin que le cadavre, était la piscine où Bet sabé se baignait, quand elle causa la chute de David. . descendant, nous retrouvâmes la porte de Bethlé aussi appelée de Jaffa. Nous reprîmes le chemin de Sai Jean-Baptiste, où nous arrivâmes vers le soir, le cœ plein des émotions de la journée.

# XVIII

## L'intérieur de Jérusalem.

Nous nous reposâmes le 19; j'en avais bien besoin : mes sensations avaient été si vives, si multipliées, que ma tête était comme celle d'un homme que le délire vient de quitter, dont toutes les idées sont confuses, et qui n'a pas encore la force de fixer ses pensées. J'étais épuisé au point que je craignais que la visite du Saint-Sépulcre, que j'allais faire le lendemain, ne pourrait pas réveiller en moi la faculté de sentir. Je craignais que les objets ne passassent devant mes yeux, comme les ombres dans la nuit, sans réveiller aucune sensation distincte, ni laisser aucune trace durable. Cette disposition m'affligeait; je m'en serais voulu de rester insensible à la vue du saint tombeau. Je me trompais ; l'impression que je reçus, fut grande et solennelle. Ce n'était pas ce que j'avais éprouvé à Nazareth, aux doux souvenirs des scènes de l'enfance du Christ, ou à Tibériade, alors que Jésus, dans sa bonté, conversait avec ses disciples et instruisait les hommes par sa parole. C'était moins encore les souvenirs glorieux du Thabor, ou la tristesse accablante du mont des Oliviers. Mais j'éprouvais ce sentiment de douleur résignée que doit faire naître tout acte sublime et douloureux mais consommé : des pleurs ne mouillaient plus mes paupières. Quelque chose de moins expansif, de plus concentré, remplissait mon cœur, et j'étais tenté de m'écrier avec le Sauveur mourant : *Consummatum est.* Certainement, si j'avais dû réveiller des impressions déjà senties, je n'étais plus capable d'un tel effort ; toutes les cordes qui avaient vibré s'étaient relâchées ; pour obtenir un nouvel effet, il fallait en toucher une nouvelle : je ne croyais pas qu'il en existât encore. Mais qui sait où la sensibilité morale de l'homme finit ?

Le 20, nous retournâmes à Jérusalem ; arrivés près des portes, des gardes du gouverneur nous y attendaient et aidèrent nos soldats à empêcher toute communication entre les habitans et nous. Nous allâmes saluer les Pères du couvent latin qui étaient en quarantaine ; ils vinrent causer avec nous du haut d'une terrasse qui donnait sur une petite cour dans laquelle nous étions. Le curé de Jérusalem nous y joignit et nous conduisit ensuite vers le Saint-Sépulcre. Ce que nous vîmes de la ville, en parcourant son intérieur, n'en donne pas une belle idée ; ses rues sont cependant plus larges et plus unies que celles des autres villes que j'avais vues jusque là en Orient, mais elles sont aussi tristes et aussi sales. Dès notre arrivée auprès du monument du Saint-Sépulcre, on nous ouvrit ; je fus d'abord frappé, dès l'entrée, de voir dans ce temple chrétien des musulmans tranquillement assis sur leur divan, ayant le même calme et la même indolence que partout ailleurs, laissant entre rindistinctement tout le monde, pourvu qu'on leur paie le batchi. En réfléchissant à ces Turcs gardiens de cette porte, je finis par me convaincre que la Providence ne pouvait avoir confié en de meilleures mains l'entrée de ce monument. Si les Grecs veillaient à cette entrée, probablement ils la feraient défendre aux Arméniens et aux Latins ; si une de ces deux nations pouvait en disposer souverainement, je doute fort qu'elle fût plus tolérante que les Grecs ; chacun voudrait posséder pour soi ce qui est maintenant une propriété commune à tout ce qui porte le nom chrétien.

Après avoir traversé cette espèce de vestibule, on nous conduisit dans une très grande rotonde formée par des longs piliers carrés qui soutiennent un large dôme. Nous rencontrâmes d'abord la pierre de l'onction ; sur cette pierre, qui présente un carré long, fut déposé le corps du Sauveur quand les disciples l'oignirent avant de le placer dans le tombeau. Au milieu de cette rotonde est la chapelle du tombeau, divisée à l'intérieur en deux pièces ; la première est l'endroit où l'ange se tenait quand il annonça aux saintes femmes la résurrection de celui qu'elles venaient chercher ; la deuxième est le tombeau proprement dit. On entre par une porte très basse dans un espace carré de sept pieds sur huit environ ; la moitié de cet espace, à droite, est occupée par l'autel qui recouvre la pierre sur laquelle était déposé le corps du Sauveur; l'autre moitié est de plain-pied, et permet à trois ou quatre personnes bien serrées les unes à côté des autres d'assister aux offices qu'on fait à cet autel, au dessus duquel brûlent quarante-quatre lampes en or; le rocher du tombeau et du premier oratoire est partout recouvert de marbre; on a dû en agir ainsi pour le soustraire à l'indiscrète piété des fidèles qui en brisaient des morceaux pour les emporter. Une impression indéfinissable m'avait saisi en entrant dans cet étroit tombeau; je voulais prier, je ne pouvais pas; tant d'idées traversaient ma tête tumultueusement et sans suite, que je fus maintenu dans une distraction invincible; j'essayais toujours de réciter l'oraison dominicale, et jamais je ne parvenais à la faire; je me trouvais assis près de ce tombeau, avec le plus vif désir d'exposer mes faiblesses et mes misères à celui qu'il avait contenu un instant, voulant prier pour ceux qui m'étaient chers, et l'émotion, le saisissement ne me le permettaient pas; ma volonté n'avait plus aucun empire sur ma pensée. Je voyais que là avait été porté supplicié, dans ce tombeau d'emprunt, celui qui était venu enseigner aux hommes qu'ils étaient tous frères, ayant droit au même héritage. A ces rapprochemens, à ces souvenirs, mon âme était bouleversée! pas même une pierre qui lui appartenait pour y déposer son corps déchiré! Lui, qui était venu donner sa vie pour le genre humain!!! Le Verbe qui avait dit : Je suis la voie, la vie et la vérité, avait reposé, à l'ombre de ce rocher, vaincu par la mort et accusé d'imposture!

Quelques soldats d'un gouverneur de ville avaient tenu sous leur garde celui par qui les rois règnent ! Le choc impétueux de ces idées et de mille autres m'empêchaient de donner une suite à mes pensées, et je suis sorti du tombeau sans savoir ce que j'y avais fait. Si je n'y étais revenu une seconde fois, j'aurais revu mes foyers, après un si long voyage, et dans lequel le but principal avait été la visite de ce lieu vénéré, sans avoir pu y adresser une seule prière à celui qui a dit : Priez et vous recevrez.

Que la capacité de l'intelligence humaine est petite ! L'homme, qui n'a pas le temps de faire succéder ses pensées avec ordre et mesure, en est accablé ; il n'y a plus dans lui qu'impuissance, confusion et désordre ; il a beau vouloir les diriger, ses impressions l'importent, et pour trop sentir il est comme annulé. Quand le calme renaît, il regrette ces précieux momens, comme des momens perdus, et il se plaint d'avoir si mal usé de ces torrens de pensées qui l'inondaient.

En sortant, vous voyez en dehors, contre le tombeau, mais à l'extrémité opposée à l'entrée, la chapelle des chrétiens cophtes ; autour de la rotonde qui renferme le monument du Saint-Sépulcre, sont des bas-côtés où chaque nation a ses oratoires particuliers : les Grecs y ont une église entière dont le dôme couvre en partie celui du Saint-Sépulcre, quand on examine Jérusalem de la montagne des Oliviers. Cette église est très belle et très richement ornée. Dans ces mêmes bas-côtés sont aussi les tombeaux de Godefroy de Bouillon, et d'Eustache, son frère ; l'escalier par où l'on descend vers l'endroit où sainte Hélène découvrit la vraie croix, et près de là celui qui conduit au Calvaire.

Le Calvaire, de même que le tombeau, est recouvert de marbre ; des grillages vous permettent de voir le rocher à nu aux endroits où furent plantées les trois croix, et là où il s'est fendu. De toutes les chapelles que j'ai vues, celle des chrétiens cophtes est la plus pauvre ; c'est la seule qui soit adossée au tombeau même : elle est sans ornemens, les portes se tiennent à peine sur leurs gonds, tout annonce la misère de ceux qui veillent à son entretien ; ils n'en prient cependant pas avec moins d'ardeur ni avec moins de confiance celui qui, dans ce lieu, mourut dénué de tout. Quoiqu'ils n'aient que leur pauvreté à lui offrir, des prêtres de toutes les nations parcourent le parvis du temple, desservent le Saint-Sépulcre, et entretiennent les lampes nombreuses qui brûlent sans cesse.

Tous ces peuples, qui souvent se détestent et se persécutent, unis dans un même culte auprès du tombeau du Christ, présentent quelque chose de consolant ; tous liens ne sont donc pas rompus entre les chrétiens, il existe donc encore un lieu au monde où tous viennent adresser leurs prières à leur maître commun. Quand Dieu, dans sa bonté, voudra opérer l'union générale, j'aime à croire que c'est de son tombeau que cette union sortira.

Trois nations principales y dominent les autres, les Arméniens, les Grecs et les Latins ; une rivalité continuelle les anime; plût à Dieu que ce fût pour le bien, et que la charité n'eût jamais à pleurer sur leur conduite.

Nous quittâmes ces lieux qui, jadis, à plusieurs reprises, avaient attiré presque tout l'Occident à leur délivrance; maintenant, il n'y a plus que quelques rares pélerins latins qui viennent prier, là où la foi avait conduit Godefroi de Bouillon et tant de héros chrétiens.

Sortant du temple, nous voulûmes suivre la voie douloureuse; ce chemin, qui commence au palais de Pilate et finit au Calvaire, monte doucement, mais continuellement; des tronçons de colonnes couchés contre les maisons indiquent au fidèle les différentes stations; il est cependant nécessaire que celui qui fait ce chemin pour la première fois soit accompagné d'un guide, car ces marques ne sont pas assez sensibles pour le conduire. En suivant cette voie si fameuse et si souvent décrite, l'âme est navrée de tristesse. Celui qui l'a parcourue, chargé du fardeau mystérieux de sa croix, accablé de toutes les misères humaines, accomplissait un sacrifice volontaire, non pas pour un peuple, pour une génération, mais pour tous les peuples et toutes les générations. Dans quel âge, chez quelle nation peut-on trouver rien de pareil, d'aussi universel, d'aussi immense? l'esprit de l'homme se refuse à mesurer l'étendue de ce sacrifice. Suivons l'homme-Dieu dans ce chemin sublime : chez Pilate, nous le voyons devant ce juge qui a le désir d'être juste, mais que sa faiblesse rend prévaricateur; qui, placé entre la justice à rendre à un innocent et la crainte de

César, sentit faillir sa conscience, et fléchit devant les passions populaires. C'est au sortir de cette maison, près de cette porte, qu'on chargea les épaules du Sauveur des hommes de sa croix, de cet instrument d'esclavage et d'infamie, qui, depuis lors, est devenu l'instrument de la liberté, la bannière des rois et la sauvegarde des peuples. Ce fardeau devient bientôt trop pesant pour l'homme, il tombe, il tombera encore, et jusqu'à trois fois; mais chaque fois il se relève, une nouvelle résignation l'anime, il fait un nouveau pas vers le but qu'il veut atteindre, et pour lui rien n'est fait si tout n'est consommé. Après sa première chute il rencontre sa mère; cela devait être, jamais une mère ne manque dans la peine et l'affliction, elle a encore des consolations là où il n'y en a plus à espérer. Ses épaules faiblissent sous tant de poids, et ses bourreaux, craignant qu'il ne pût aller jusqu'au bout, forcent un homme du peuple qui passait par hasard à venir à son aide : c'était Simon le Cyrénéen. Par ce simple acte, le nom de Simon s'est associé à l'immortalité de celui du Christ. Que de fois le secours, dans l'affliction et la tristesse, ne vient-il pas du côté où on l'attendait le moins! Secondé ainsi, il continue sa pénible marche. Sainte Véronique lui essuie le front couvert de sueur et de sang; encore une femme qui le console : plus loin, il fait sa seconde chute, et, quelques momens plus tard, les filles de Jérusalem viennent pleurer sur lui. Dans ces momens d'angoisses, il trouve pour elles des paroles de consolation. Dans tout ce chemin, des femmes seules se présentent devant lui, viennent volontairement prendre part à ses souffrances pour les adoucir. Il n'est fait mention d'aucun homme, et ce n'est que sous la croix qu'on rencontre le disciple bien aimé; aussi la femme seule possède des ressources pour tous les besoins et du zèle pour tous les dévouemens. Avant d'arriver sur le Calvaire, l'Homme-Dieu retombe encore, il ne lui reste plus à faire qu'un dernier effort pour arriver sur le lieu de son supplice: là, on le dépouille de ses vêtemens, on l'attache à la croix, et l'élevant aux yeux de tous, il meurt pour tous; sa mission de souffrance est finie, l'expiation est faite, et une nouvelle loi, une loi d'amour est donnée au monde.

Ce golgotha, placé à côté du chemin, près de la principale porte de la ville, était infâme; les voleurs y étaient exposés aux yeux du public, mais la mort du juste l'a sanctifié; maintenant, renfermé dans la ville, soustrait aux injures de l'air, chaque chrétien le vénère et vient y apprendre à souffrir et à pardonner. Assistant avec un recueillement religieux à la descente de la croix, vous suivez le corps du Christ sur la pierre où il fut oint; de là vous le conduisez au tombeau, et le cœur se repose à côté du divin Sauveur. Vous sortez de ce tombeau sous l'impression de ce long et douloureux supplice, quand, à quelques pas de là, vous vous arrêtez à l'endroit où il apparut à Madeleine sous l'habit d'un jardinier. En apercevant dans sa gloire celui que vous avez vu souffrant, vous vous sentez soulagé, et vous quittez ces lieux avec moins de tristesse.

# XIX

## Le Chemin de Jéricho et la mer Morte.

Après avoir examiné le saint sépulcre et la voie douloureuse, nous sortîmes de la ville; les gardes du gouverneur nous accompagnèrent à cause des dangers de la route. Nous passâmes au pied de la montagne des Oliviers en suivant le chemin de Béthanie, où nous vîmes les ruines de la maison de Lazare. A une lieue et demie de Jérusalem, nous bûmes à une petite fontaine auprès de laquelle est un khan en ruines; et descendant, nous suivîmes alors pendant environ trois heures un vallon coupé par un torrent que nous traversâmes plusieurs fois. De distance en distance nous vîmes quelques arbres épineux, dont les feuilles ressemblent à celles du câprier, le fruit est à noyau, et a la forme d'une très petite pomme, d'un goût très fin. C'est avec les rameaux de cette espèce d'arbre, qu'on fit la couronne d'épines. Parvenus au bout du vallon, nous montâmes ensuite vers une vieille citerne, et un khan abandonné. De là, nous ne fîmes plus que descendre jusqu'à la plaine de Jéricho. Le pays devient tout à fait aride. Vous voyez devant vos yeux la mer Morte. Vous croyez toujours atteindre le terme de votre voyage et ce terme fuit toujours ; vous tournez une montagne qui paraît être la dernière, une autre se présente ; après celle-ci une série nouvelle se déroule, et l'attente constamment trompée rend le chemin insupportable. La nuit nous surprit dans ces gorges, et les difficultés des chemins nous forcèrent à descendre de cheval. Cette nuit était tellement noire qu'on ne voyait pas où l'on mettait le pied, et l'on risquait à tout moment, en marchant sur des pierres roulantes, de tomber dans les précipices. Heureusement, il ne nous arriva rien. Si nous avions pu trouver de l'eau le long de notre route, nous y eussions passé la nuit. Nous n'en rencontrâmes nulle part, et après une journée brûlante passée au milieu des rochers, hommes et chevaux en avaient besoin. Marchant toujours à tâtons, nous arrivâmes à la plaine. Quelques lumières que nous aperçûmes de loin nous guidaient, et notre dernière heure se fit sans peine sur un terrain uni. Nous nous arrêtâmes auprès de l'Ellisesscah. C'est ce petit ruisseau dont le prophète Elysée changea l'eau saumâtre en eau douce, et qui a conservé son nom. Que nous étions contens de nous reposer ! et quoique nous n'eussions mis que huit heures pour faire ce trajet, jamais nous n'avions trouvé de chemin plus long. C'est sur le chemin de Jéricho que Jésus a placé la scène de la touchante parabole du bon samaritain. On nous y montra un endroit appelé le lieu du sang, à cause des nombreux meurtres qui s'y commettaient. De tous les temps, les bandits les plus déterminés ont exploité cette route. Nous passâmes sans crainte, notre caravane était trop nombreuse pour redouter une attaque.

Le 21, après une nuit fort tranquille, la première chose qui se présenta à nos yeux fut la moderne Jéricho. Cette ville, bâtie avec des pierres provenant des débris d'anciens monumens, est entourée de plusieurs enceintes d'épines sèches, qui servent aux habitans de moyen de défense contre les Bédouins. C'est le seul endroit où j'ai vu des épines servir de rempart. Un seul édifice ancien se tient debout; c'est la maison de Zachée, celui que Jésus fit descendre du sycomore quand il voulut se rendre chez lui. Maintenant cette maison sert de logement aux soldats du gouvernement, quand il croit y devoir mettre garnison, pour assurer la tranquillité de la plaine. Traversant Jéricho, les hommes et les femmes vinrent se mettre sur leurs terrasses pour nous voir passer; les femmes ne cachaient pas leur figure comme dans les pays que nous venions de parcourir; elles étaient plus hâlées que toutes celles que nous avions vues jusqu'alors. Près de l'endroit où nous avions passé la nuit nous vîmes plusieurs habitations temporaires, placées entre deux buissons, des branchages allant de l'un à l'autre formaient le toit, des femmes et des enfans y étaient occupés à nettoyer et à arranger le grain, pour le porter à leur maison d'hiver après l'entière terminaison de la moisson. Nous marchâmes vers le Jourdain à travers cette plaine de Jéricho, si grande, si fameuse et si enviée autrefois, pour la possession de laquelle on s'est battu si souvent. Aujourd'hui, elle n'offre plus en culture que quelques champs de doura, où des hommes placés sur un théâtre fait avec des branches, font une guerre continuelle aux oiseaux qui viennent leur disputer le fruit de leur travail et de leurs sueurs. On y cherche en vain ce baume de Judée si estimé, ces roses si fameuses. La terre fournit encore dans quelques endroits de beaux arbustes, mais elle les fournit sans culture; la main de l'homme a tout abandonné.

Nous nous dirigeâmes du nord-ouest au sud-est, et au bout de deux heures nous atteignîmes le Jourdain, à l'endroit où, selon la tradition des Grecs, Notre Seigneur fut baptisé par saint Jean. Ce lieu est délicieux; une végétation forte et vigoureuse ombrage le fleuve, qui semble couler sous un berceau de verdure; on le voit là se séparer en deux pour se réunir plus loin et former ainsi une île d'un aspect gracieux et suave. Quand vous jetez ensuite vos regards sur les montagnes stériles de la Judée et de l'Arabie, et sur la plaine brûlée de Jéricho, vous éprouvez un charme indicible à l'abri de cette verdure et à la fraîcheur de cette rivière. C'est ainsi que doit jouir le voyageur parcourant le désert, quand une oasis vient mettre un terme à ses fatigues et à sa soif. Nous y déjeûnâmes, et pendant notre repos, chacun alla au bord de la rivière couper un bâton de saule, afin de rapporter avec lui, comme souvenir, le bâton blanc du pélerin.

Nous quittâmes ces lieux à regret; nous suivîmes le

Jourdain qui était à notre gauche, ainsi que les montagnes d'Arabie, d'où Moïse vit la terre promise dont l'entrée lui était interdite. Au bout d'un demi-mille, la scène changea ; ce Jourdain si verdoyant, si ombragé, n'eut plus pour ornement de ses rives que des roseaux, dont les pieds jaunis peignaient la tristesse ; plus jaunes et plus rabougris à mesure que nous avançâmes, ces roseaux l'accompagnaient jusqu'à sa fin, et lui servaient en quelque sorte de linceul ; car bientôt tout disparut, roseaux et Jourdain, et nous n'eûmes plus devant nos yeux que la mer Morte, cette mer où tout est désolation. Là nul être ne vit, nul oiseau ne s'y repose, aucune plante, pas même des mousses, ne se trouve sur ses bords ; des cailloux nus l'entourent et des montagnes arides lui pressent les flancs ; un flot lourd, à peine soulevé par les vents, retombe sans rebondir ; sa grève, couverte de tronçons d'arbres blanchis par le soleil, que le Jourdain lui apporte, ressemble à un champ nu couvert d'ossemens gigantesques. Sodome, Gomorrhe et les villes coupables sont englouties dans cette mer de bitume où la colère de Dieu paraît les poursuivre encore ; nul ombrage n'a jamais couvert leurs restes maudits, si ce n'est celui des sommets brûlés des montagnes ou celui des nuages qui passent chargés d'éclairs et de foudres. Les Arabes disent que leurs ombres apparaissent quelquefois à la surface ; alors les voyageurs croient voir des îles sur cette mer de soufre. J'ai jeté les yeux long-temps de tous les côtés pour découvrir une de ces apparitions fantastiques ; mais je n'ai vu partout qu'une eau noirâtre et huileuse qui tend toujours au repos et qu'une force étrangère soulève toujours.

Nous détournâmes enfin nos yeux de cette triste scène; nous remontâmes lentement sur un sol aride à niveaux différens, et qui s'élèvent à mesure qu'on s'éloigne de la mer. Nous vîmes par ci par là de petites buttes de sable où les Bédouins vont s'enterrer jusqu'au cou quand ils veulent surprendre le voyageur dans la plaine. De ces observatoires ils examinent tout sans être vus, et de là ils s'élancent pour attaquer quand ils jugent l'occasion favorable.

A une assez grande distance de la mer, la végétation commence à reparaître; nous laissâmes à notre droite les ruines d'un couvent latin, construit en mémoire du baptême du Sauveur, et nous revînmes camper près de Jéricho.

Le lendemain, retournant sur nos pas, vers Jérusalem, le jour nous permit de voir ce que la nuit nous avait dérobé l'avant-veille. A l'entrée de la plaine et au pied des montagnes sont de nombreux vestiges de grandes constructions qui marquent peut-être l'emplacement de l'ancien Jéricho. Nous avions à notre droite les ruines d'un couvent grec situés sur une petite montagne grise; près de là le mont de la Quarantaine, qui s'élève au dessus des montagnes voisines. Là Jésus jeûna et fut tenté. A gauche sont les ruines d'un ancien aqueduc conservé dans quelques endroits; ces ruines accompagnent le chemin pendant plusieurs lieues, ainsi que les débris d'une vieille route qui date peut-être du temps de Salomon, car c'est par le chemin de Jéricho que lui arrivaient ses riches caravanes d'Arabie. A l'entrée de la montagne sont de nombreuses grottes qui ont servi d'asile aux pieux solitaires de la primitive Église. Tous ces vieux débris de travaux longs et coûteux, qu'on trouve épars de tous côtés, prouvent la différence immense qui existe entre la Judée d'aujourd'hui et celle d'autrefois, et combien les jugemens qu'on porterait d'après son état présent seraient sujets à l'erreur, puisque là, où maintenant on ne voit qu'un désert, gisent des vestiges qui attestent qu'autrefois tout était peuplé et habité avec un luxe et une perfection que sont loin d'atteindre aujourd'hui les parties de ce pays les mieux favorisées de la nature. Nous ne rencontrâmes sur toute cette route d'autres êtres animés que des chèvres noires qui grimpaient par nombreux troupeaux sur ces montagnes arides. Leur poil lisse et brillant sert à fabriquer diverses étoffes. Nous couchâmes cette nuit près de Jérusalem, dans un jardin d'oliviers, au dessus de la piscine de Bethsabé. Sur ces montagnes les jours étaient brûlans et les nuits tellement froides, que les soldats égyptiens qui nous accompagnaient en tombèrent malades et furent obligés d'entrer à l'hôpital de Jérusalem. Peu de jours suffirent pour les rétablir, car, en repassant à Jaffa, nous les retrouvâmes rentrés à leur régiment, gais et bien portans.

---

## XX

### Bethléem.

La peste sévissait avec trop de violence à Bethléem pour le visiter ; nous voulûmes au moins le voir de loin. Nous en prîmes le chemin, et partant le 23 de Jérusalem, au bout de peu de temps nous arrivâmes à la fontaine des rois ; cette fontaine, renfermée dans un puits, se trouve sur le chemin. C'est à cet endroit que les Mages, allant adorer le Christ nouveau-né, revirent l'étoile qui les avait guidés dans leur route et qui avait disparu quand ils entrèrent dans la ville d'Hérode. Plus loin est le couvent de Saint-Élie, occupé par les Grecs. Vis-à-vis de sa porte d'entrée est l'olivier sous lequel dormait le prophète quand l'ange vint le nourrir et l'avertit de partir pour le mont Horeb. Ce couvent est situé sur une hauteur d'où nous aperçûmes Bethléem ; c'était tout ce que nous devions voir cette fois. Si un autre voyage n'avait pas dû nous y ramener, nous n'eussions pas pu, quoique venus de si loin, contempler en détail le berceau du Sauveur. Nous retournâmes à Saint-Jean, où les Pères nous reçurent de nouveau avec leur même bienveillance. Quelques mois plus tard nous nous retrouvâmes sur cette même hauteur, près du couvent de Saint-Élie, et continuant notre chemin, nous laissâmes à droite le tombeau de Rachel, et Rama, où Rachel pleurait ses enfans et ne voulut pas être consolée, parce qu'ils ne sont plus. Combien ce souvenir était touchant pour nous : à nos côtés était une autre Rachel qui pleurait aussi ses enfans et ne voulait pas être consolée, parce qu'ils ne sont plus ; ainsi toujours même monde et mêmes douleurs.

Bethléem nous attendait, et le lieu où le Sauveur commença à vivre et à souffrir fixait toutes nos pensées. On aperçoit le village incliné sur la montagne, et dans la partie basse une très grande enceinte qui renferme trois couvens et une église. Les Latins, les Grecs et les Arméniens habitent et desservent ces lieux. On entre dans le couvent latin par l'église. Cette église a cinq nefs, soutenues par 48 colonnes de marbre, chacune d'un seul bloc ; celle du milieu, très élevée, est terminée par une belle charpente en bois de cèdre, d'autant plus remarquable que dans toute la Palestine il n'existait pas de bois de construction ; les nefs latérales sont basses et sombres, car toute l'église ne reçoit de lumière que par la nef du milieu ; le chœur est séparé du corps de l'église par une nef transversale qui forme la croix ; maintenant une cloison sépare aussi ces deux parties ; le chœur seul est consacré à l'office divin, le reste de l'église sert en quelque sorte de vestibule aux différens couvens. Au dessous du chœur est l'étable ; nous y descendîmes par un couloir étroit et sombre ; nous vîmes un petit autel à l'endroit de la naissance, et vis-à-vis, dans la même grotte, un autre autel où fut la crèche. Ici, comme au tombeau, tout est couvert de marbre, et pour la même raison, très près de là, mais hors de la grotte, est l'autel de Saint-Joseph, où se tenait celui qui servit de père au Christ, quand celui-ci naquit au monde. Dans ce même couloir, qui conduit à l'étable, sont les entrées des grottes où sont les tombeaux de saint Eusèbe, évêque et martyr, de sainte Eustochie et de sainte Paule, dames romaines, qui quittèrent le luxe et la richesse pour vivre pauvres et humiliées à côté du lieu où était né le modèle de la pauvreté et de l'humilité. Une autre grotte servait de lieu de retraite à saint Jérôme, pour composer et écrire ces livres qui font encore aujourd'hui une des gloires de la chrétienté. Enfin on nous montra aussi le puits scellé qui contient les corps des saints Innocens, ces pauvres enfans qui moururent les premiers pour la cause du Christ. Nous parcourûmes tous ces lieux à la clarté mystérieuse des flambeaux. Le jour ne pénètre plus dans cette étable qui était exposée aux vents, où furent appelés en même temps, pour adorer le Roi nouveau né, les petits et les grands, dans les personnes des bergers et des mages. Dès sa première apparition dans ce monde, le Sauveur ne fait plus de distinction de rang, il se montre à tous avec le même empressement et le même amour. Que d'avenir dans ce berceau !

Nous sortîmes de l'église et du village pour aller visiter une autre grotte, où, selon la tradition, la Vierge est restée quelque temps avant son départ de Bethléem; d'où nous vîmes, vers le sud, la vallée dans laquelle les bergers paissaient leurs troupeaux quand les anges vinrent leur annoncer la naissance du Seigneur. Cette vallée est sans arbres, et les montagnes environnantes s'y perdent par des pentes très douces.

Nous nous dirigeâmes ensuite vers l'Hortus-Ebnelasus du cantique des cantiques. A la distance d'une lieue au sud, au milieu de ces montagnes sans verdure, nous découvrîmes tout à coup un vallon très agréable, bien cultivé et bien arrosé, un véritable lieu de délices. Nous remontâmes ce vallon d'une de ses extrémités à l'autre. Nous y découvrîmes trois réservoirs, en partie taillés dans le roc, et en partie maçonnés; le réservoir le plus bas a deux cent vingt pas de long sur quatre-vingt-dix de large; celui du milieu, deux cents pas de long, et le supérieur cent soixante; les deux derniers ont un peu plus de largeur que le premier.

Une eau limpide et claire remplit ces trois bassins qui ressemblent à trois lacs. Près du bassin supérieur est la fontaine qui donne toute cette eau : c'est le *Fons signatus*. Un aqueduc, dont on voit les restes, conduisait cette eau à Jérusalem, où elle était consacrée au service du temple. Un grand bâtiment carré, en guise de fort, semble établi là pour la défense de cette fontaine et de ces bassins. On fait remonter sa construction au temps de Saladin. Dans ce lieu existait jadis un palais de plaisance que Salomon habitait quelquefois avec ses nombreuses femmes. Un chemin direct, probablement aussi ancien que les réservoirs, conduit à Jérusalem. Nous le prîmes, non sans émotion, en songeant que ce grand roi, quand, de son palais de Sion, il se rendait à ce lieu de délices, marchait sur ces mêmes pierres. Que de siècles écoulés depuis lors !

---

# XXI

## Derniers regards jetés sur Jérusalem et retour.

Nous allâmes, le 25 octobre, jeter nos derniers regards sur Jérusalem. Jusque-là je n'avais rien examiné de tout ce qu'on peut voir le long du chemin qui y conduit. En le parcourant, mes pensées avaient toujours été portées vers la cité sainte. Arrivés sur la hauteur, en sortant de Saint-Jean, nous vîmes à droite le désert de Saba; sur les montagnes à gauche, le château et le tombeau des Machabées, ces derniers défenseurs de la nationalité juive; plus loin, et à peu de distance de Jérusalem, le couvent de Sainte-Croix, auprès duquel est un bouquet d'oliviers : c'est là où l'on prit l'arbre dont on fit la croix du Christ. Arrivant près de la ville, nous la trouvâmes à droite, comme la première fois, et nous nous rendîmes à la grotte de l'Agonie, que nous n'avions pas encore vue en dedans. Le curé de Jérusalem devait venir nous l'ouvrir et y dire la messe. Nous descendîmes dans cette grotte par cinq ou six marches qui sont dans l'angle gauche. Près de son milieu est un morceau de roc qui fait l'office de pilier, pour soutenir la voûte qui est maçonnée. A son entrée, probablement pour agrandir la grotte et permettre de la fermer, dans quelques excavations latérales, sont mises des planches peintes qui représentent les apôtres dans les positions que l'Évangile leur donne pendant l'agonie, et à l'arrivée des Juifs conduits par Judas. L'autel est au fond de la grotte, du côté opposé à l'entrée. Nous assistâmes au sacrifice non sanglant, là où le Sauveur se prépara à cette mort si douloureuse qui devait délivrer le monde. Je dois renoncer à exprimer ce qui se passa dans mon cœur; il est des impressions, des sentimens qu'aucune langue ne peut rendre; l'âme les sent sans même songer à s'en rendre compte, elle est absorbée. Au sortir de là, nous parcourûmes la vallée de Josaphat, en suivant le torrent de Cédron. On ne voit à droite et à gauche que des sépulcres; les plus remarquables sont ceux dits d'Absalon, de Zacharie et de Josaphat. Le premier et le troisième sont séparés du rocher dont ils ont fait autrefois partie; un espace de quelques pieds de largeur permet d'en faire le tour. Quatre colonnes, sur chaque face en trois quarts de saillie, entourent le carré qui renferme l'intérieur du tombeau. Le premier se termine ensuite en entonnoir renversé, et le troisième en pyramide carrée. Le sépulcre du milieu présente seulement une façade taillée dans le rocher, formée de quatre colonnes élégantes, surmontée d'une corniche. Derrière ces colonnes est un espace vide.

où se trouve l'ouverture du tombeau creusé dans le rocher. Plus loin, nous arrivâmes à la fontaine de la Vierge, vers laquelle on descend par vingt-quatre marches. Quelques toises plus avant est la communication de la vallée du Gehennon, qui entoure le mont Sion, avec celle de Josaphat. Dans cette vallée du Gehennon sont la fontaine et les piscines de Siloï. La vallée de Josaphat se termine là par un autre petit vallon bien vert, bien riant, à côté du village de Siloaü. Quelle opposition avec la vallée qui précède ! Nous fîmes ensuite nos adieux à Jérusalem, et, le cœur rempli de souvenirs que nous garderons toute la vie, nous regagnâmes notre couvent de Saint-Jean.

---

# XXII

### Retour de Jérusalem. — Saint-Jean-d'Acre.

Le jour qui suivit notre dernier regard jeté sur Jérusalem fut consacré aux préparatifs de notre retour. Le 27 octobre, nous quittâmes ce toit hospitalier où nous avions trouvé de l'affection et de la sympathie; nous le quittâmes avec ce regret que l'homme éprouve quand il s'éloigne pour toujours des lieux où il a trouvé un peu de repos après de longues fatigues, où il a été accueilli comme on accueille un ami qu'on attend. Nous le quittâmes avec la promesse de prier les uns pour les autres. Ainsi nous conservâmes ce lien mystérieux des chrétiens, ce lien qui les unit tous dans une même pensée et dans une même espérance, qui, malgré les distances, malgré la différence des lois et des habitudes, ne les rend jamais étrangers les uns aux autres. Aussi nous pouvons compter que nous avons laissé là des frères, des amis, qui toute leur vie désireront notre bonheur et le désireront de la même manière que nous. Aux mêmes jours, nous adresserons à Dieu les mêmes prières, et nous serons présens devant lui, comme les membres d'une même famille devant leur père commun. Eh! chacun de nous ne sait-il pas qu'il est placé dans ce monde comme un ouvrier envoyé dès le matin pour y remplir son œuvre, qu'il rentrera le soir pour trouver le repos et recevoir sa récompense, sous le même toit et chez le même maître? Quel puissant motif de nous aimer les uns les autres et de nous entr'aider dans nos peines!

Nous suivîmes pendant notre retour le même chemin que nous avions pris en arrivant : c'étaient les mêmes lieux que nous parcourions; mais, trop rempli des grandes images qui s'étaient gravées dans moi depuis lors, je faisais peu attention à ce que j'eusse pu observer de nouveau. Ce ne fut que quatre jours après, en quittant Caïpha, que nous prîmes un autre chemin qui devait nous conduire devant Acre, ville que nous n'avions aperçue en allant que de très loin.

Depuis Caïpha jusqu'à Acre, nous suivîmes le bord de la mer, marchant sur un sable très fin. En approchant de la ville, une puanteur horrible s'exhalait de ses environs. Nous vîmes les corps des soldats, tués pendant le siége, à peine recouverts d'un peu de terre; les cadavres des animaux gisaient en plein air en proie aux corbeaux et aux autres animaux carnassiers. Ce foyer d'infection avait produit un typhus violent dans la ville et les environs; les habitans et les ouvriers qu'Ibrahim y envoyait sans cesse mouraient en foule. Malgré l'imminence de ce danger, malgré les avertissemens répétés des médecins européens au service du pacha, l'administration ne se décide ni à enterrer ces cadavres, ni à les détruire; elle les laissera exhaler leurs miasmes contagieux jusqu'à ce que les animaux ou la pourriture en aient fait justice.

Cela peut donner une idée de l'incurie des musulmans, puisque les améliorations à faire dans les choses même dont la vie dépend ne se font pas. Ici leur religion n'est intéressée en rien dans les mesures qu'on devrait prendre, et on ne parvient cependant pas à obtenir qu'on les exécute. Combien n'est donc pas difficile l'amélioration physique et morale d'un tel peuple, et combien d'efforts et d'opiniâtre persévérance n'a-t-il pas fallu à Mehemet-Ali pour établir dans ses états une administration et une armée un peu régulières! Il n'a pu avoir ce résultat qu'en employant beaucoup d'Européens, et en leur donnant du pouvoir. Le sultan Mahmoud n'a pas osé se servir de ce moyen vis-à-vis de son peuple; les Européens qu'il emploie sont en petit nombre et n'ont aucun pouvoir direct sur les individus; aussi leur influence ne se fait sentir que faiblement, et Mehemet-Ali bat ses troupes.

La ville d'Acre paraissait un monceau de décombres; aucun monument n'était resté intact, et beaucoup étaient écroulés; les nombreux travaux qui se font pour la restaurer s'exécutent plutôt pour rétablir les fortifications que pour relever les monumens en ruine; aussi l'aspect en est déjà formidable pour cette ville qui n'a que des débris à défendre.

J'ai vu des tombereaux employés au transport des pierres ; ce sont les seules voitures et les seules roues qui existent en Syrie.

Dans mon voyage et pendant mon séjour en Orient, j'ai remarqué une partie de ce que Mehemet-Ali a fait pour la civilisation, et j'ai eu occasion de parler souvent de lui avec des Européens depuis long-temps à son service. Voici ce qu'on peut dire de cet homme extraordinaire : le pacha d'Égypte doit être certainement un grand homme pour tous ceux à qui il suffit qu'on ait les facultés de concevoir des projets vastes et hardis, d'en préparer avec soin l'exécution, et de poursuivre cette exécution avec constance à travers les mille obstacles qui peuvent surgir.

Mehemet est doué de toutes ces facultés à un degré éminent, et mérite en cela toutes les louanges qu'on voudra lui donner.

Mais pour le chrétien qui veut qu'un grand homme soit complet, c'est-à-dire que ces projets si vastes et si grands ne soient conçus qu'en vue du bien-être général qui doit en résulter, et ne soient exécutés que par des moyens justes et moraux ; qui veut qu'un souverain ou un homme placé, par sa position ou son génie, à même de dominer les autres, ne se serve des facultés qu'il possède que dans la vue d'être utile à ses frères, et non dans la vue étroite et mesquine de rapporter tout à lui ; oh ! alors Mehemet-Ali n'est plus qu'un homme très ordinaire, qui ne mérite plus aucune louange. Louer, c'est récompenser, et pour l'homme qui rapporte tout à lui, il doit être aussi lui seul sa récompense ; les autres ne lui doivent rien.

Le peuple gouverné par Mehemet est malheureux, ou plutôt ce n'est pas un peuple, c'est un troupeau d'esclaves qui se lève le matin et se couche le soir, qui travaille et se repose par lui et pour lui ; il assigne à chacun la quantité de terre qu'il doit labourer, les fruits qu'il doit lui remettre ; tous doivent vendre à lui et seulement à lui les produits de leurs récoltes ; il est en quelque sorte le seul laboureur et le seul marchand de son royaume. S'il lui faut des soldats pour la guerre ou des travailleurs pour les ouvrages que son fécond génie fait entreprendre, il enlève les individus de leurs foyers, de leurs habitudes, de leurs familles, quelquefois même des populations presque entières, pour les transporter où bon lui semble, se servant de ce peuple malheureux ainsi que d'une chose à lui appartenant, et faite uniquement pour son service. Aussi cette civilisation, cet ordre qu'il crée n'a pas de bases, et n'a que son génie pour soutien ; il s'écroulera entièrement à sa mort, sans même laisser de vestiges après lui, à moins qu'il ne surgisse, pour être ses successeurs, une série d'hommes capables de recueillir son héritage, et qui, rassurés sur l'existence et la conservation de leur pouvoir, s'occupent à améliorer la condition de leurs sujets.

Quelle différence de ce mode de civiliser les peuples avec le mode chrétien ! D'un côté, l'homme n'agit que pour lui, il se place au haut de la pyramide et commence par façonner ce qui l'entoure, en le tenant uni par sa force individuelle ; mais avant qu'il ne soit arrivé à la base, son énergie décroît ou sa vie ne suffit pas, et les matériaux de cet édifice si péniblement construit, se dispersent de manière à ne laisser de traces que dans la mémoire de quelques générations qui suivent : d'un autre côté la civilisation chrétienne commence par s'occuper des pauvres et des délaissés ; elle les instruit, les console, et tâche de les rendre heureux indépendamment des institutions et des gouvernemens; elle travaille long-temps à l'ombre et sans éclat ; puis, quand le moment arrive, le peuple se trouve constitué, sans le savoir, le mieux possible pour sa condition présente ; il marche, et le bien se fait comme de lui-même par le concours de tous ; pour elle, les hommes de génie ne sont pas nécessaires, il lui suffit d'avoir des hommes de bonne volonté, et ces hommes se trouvent toujours pour continuer l'œuvre où leurs devanciers l'ont laissée.

Quand l'orgueil humain ou l'orage des passions fait quelques brèches, ou disjoint quelques pierres de ce temple vivant que le christianisme élève, les mêmes matériaux qui ont servi à le construire servent à le réparer, et la pensée première, la pensée de l'architecte divin qui préside à cette œuvre des siècles, fait rétablir plus solidement ce que la négligence ou l'imperfection des ouvriers avait mal défendu contre la destruction. Nous passâmes devant Acre le plus promptement possible, car la misère et la peste, ces suivantes inévitables de la gloire des armes, nous ôtèrent toute envie de visiter en détail cette ville fameuse à tant de titres.

## XXIII

### Suite de notre retour jusqu'à Beyrouth.

Le 3 octobre, nous côtoyâmes les jardins du pacha et ses palais d'été; des eaux abondantes les arrosent et y conservent une verdure perpétuelle, qui n'est jamais plus belle ni plus agréable que dans l'été, quand tout est aride et brûlé à l'entour. Les palais qu'on voit dans ces jardins n'ont aucune ressemblance avec nos palais d'Occident; ce sont plutôt des tentes éparses, brillantes de couleurs et légères de structure, qui ne doivent avoir de durée que le temps du passage de l'homme. Ici un palais ce n'est pas une chose, c'est mille choses; les kiosques placés près des bassins de marbre blanc, les divans des femmes embaumés par les orangers et couverts de leurs ombrages, l'appartement du maître placé non loin de l'entrée du jardin, tout cela séparément construit, se trouve renfermé dans la dénomination du mot palais.

Ce gracieux désordre est beaucoup plus piquant, plus riant que nos habitations européennes.

Ces palais d'Abdallha et de ses parens, Ibrahim les possède. L'homme n'a beau bâtir que pour peu de temps, il n'est pas assuré de jouir, même pendant la courte durée de sa vie, des choses dans lesquelles il a mis son affection, tant les espérances sont éphémères !

Nous couchâmes la nuit du 31 octobre au 1er novembre, cette nuit qui suivit le jour que nous avions passé devant Acre, dans l'intérieur d'un khan au bord de la mer, dans un village nommé D'zibb' par les Arabes.

C'était la première fois que cela nous arrivait, et nous n'avons plus été tentés de recommencer l'épreuve; toute la nuit nous fûmes tourmentés par une multitude d'insectes qui ne nous permirent pas de prendre le moindre repos; enfin, ennuyé de ce tourment sans relâche, je pris mon lit et je fus dormir à la belle étoile, où le sommeil ne tarda pas à venir; mais le matin, à mon réveil, je me sentis indisposé, accablé d'un mal de tête et d'une fièvre accompagnée d'une brûlante chaleur. Était-ce le résultat de ces émotions vives et nombreuses éprouvées dans mon voyage, ou le passage à Acre au milieu des miasmes pestilentiels avait-il déterminé cette fièvre, ou bien était-elle produite par le sommeil en plein air de la nuit précédente? Je n'en sais rien; peut-être ces trois causes y ont-elles contribué chacune pour leur part. Ce jour-là je suivis encore la caravane dans son passage à travers la plaine de Sour; nous campâmes cette nuit sous nos tentes, près de la rivière qui est à l'entrée de la plaine, du côté de Seyde. Le lendemain suivant, au milieu de l'agitation de la fièvre, je poursuivis ma route jusqu'à cette dernière ville, où je fus obligé de m'arrêter, quoique je ne fusse plus qu'à une journée de Beyrouth, terme de notre voyage.

Le 3 novembre, je vis partir la caravane avec regret; je me séparais avec peine de ceux avec lesquels j'avais visité les mêmes pays et couru les mêmes chances. M. de Lamartine fit pour moi tout ce qui était possible pour adoucir ces regrets; un domestique de confiance me fut laissé pour me soigner, et M. de Parseval, ce compagnon dévoué à tous ceux qui souffrent, se chargea par sa présence de remplacer ceux que je perdais. Je ne le louerai pas, car la louange lui est importune, mais je dirai que c'était presque lui qui s'obligeait quand je lui demandais un service, ce que j'étais très rarement à même de faire, car son active sollicitude prévoyait tout.

Je passai là deux jours dans l'inquiétude de cette séparation et de la fièvre; je suppliai mes hôtes de m'embarquer. M. de Parseval présidait à tous les préparatifs de ce départ pour Beyrouth. On me plaça dans un de ces petits bâtimens côtiers à moitié pontés, sous une tente qu'on avait dressée pour moi. Le trajet devait se faire en quelques heures; mais l'absence totale de vent ne nous faisant avancer qu'au moyen de deux rames dont la barque était munie, prolongea ce voyage de douze heures, et me fit passer une journée brûlante sous une toile qui m'étouffait. Enfin je revis Beyrouth; c'était presque revoir ma patrie. Je revis cette chambre où j'avais déjà logé, et tous ceux avec lesquels un long voyage m'avait fait contracter la douce habitude de l'intimité; c'était retrouver une maison et une famille.

Ma position allait en s'aggravant, un sommeil comateux s'empara de moi, jusqu'au point de me rendre entièrement insensible à tout ce qui m'entourait; quelques rares instans de réveil, causés par ceux qui me soignaient, dans le dessein de me faire donner un peu de boisson, me faisaient seuls entrouvrir péniblement les paupières. Rien n'interrompait cet état que des gémissemens lents et profonds, poussés sans conscience. J'étais ainsi quand le coup d'œil d'inspiration de madame de Lamartine la détermina à essayer une révulsion puissante, au moyen des cantharides. Ce moyen réussit, ma tête se dégagea, et je pus reconnaître avec quel soin, quelle sollicitude on s'occupait de moi. Si, dans ma maladie, je regrettais quelquefois la présence de ma mère, ce n'était pas pour être mieux; chacun mettait dans ses soins un zèle, une charité que je ne puis rendre. Quand, après vingt jours de maladie, une convalescence peu franche m'apporta une lueur de raison, j'aperçus que tantôt M. de Lamartine, tantôt madame, d'autres fois mes autres compagnons de voyage, venaient s'asseoir près de mon lit, afin d'occuper doucement mes pensées, de les empêcher par là de se porter avec douleur vers mes foyers lointains, et de m'éviter ainsi un mal plus grand que celui de ma maladie même.

Qu'il est doux à l'homme souffrant et éloigné de son

pays de se sentir ainsi consolé ; il faut avoir goûté ces témoignages d'affection et d'amitié dans de telles circonstances pour apprécier l'impression qu'ils font.

Si j'entre dans ces détails de ma maladie, c'est afin de témoigner ma reconnaissance à tous ceux qui m'ont environné dans ce pénible moment.

---

## XXIV

### Mort de Julia.

Ici je devrais m'arrêter, je devrais jeter un voile sur des douleurs autrement amères que les miennes, mais aucun voile ne peut les couvrir, il est des cœurs qui les nourriront toute leur vie et qui n'en seront jamais rassasiés. Cette vie que madame de Lamartine venait de me conserver, cette vie dont après Dieu je lui suis redevable, eh bien ! moi, je n'ai pas pu faire pour quelqu'un qui lui fut plus cher qu'elle-même, ce qu'elle a fait pour moi. Julia, cette fille qui était l'occupation de tous ses momens, en qui elle avait mis toutes ses espérances, son seul lien du passé avec l'avenir ; cette fille, admirée de tous ceux qui la voyaient par son esprit et ses grâces, tomba malade, quand à peine j'avais fait ma première sortie. Un catarrhe spasmodique l'étreignit vivement. Les deux premiers accès, quoique forts, laissèrent dans leurs intervalles un repos trompeur ; le troisième fut long, pénible, diminua cependant, mais ne cessa plus ; à l'arrivée du quatrième, la jeune fille mourut : c'était le 7 décembre, vers les trois heures du matin.

Quels changemens ! ! ! Avant ce jour cette maison était si brillante, si rayonnante de gloire et d'avenir, si fertile en projets utiles ou séduisans, tout lui souriait dans ce monde, et maintenant elle est dans la stupeur. Le plus affreux, le plus morne silence y habite ; la consolation, sous aucune forme, ne pénètre jusqu'aux malheureux parens ; nous désolés avec eux, mais renfermant dans nous-mêmes nos pensées toutes amères, nous attendons que le ciel et le temps aient émoussé un peu les pointes les plus aiguës de ces douleurs qui ne doivent plus cesser.

Quoique plus tard nos relations soient devenues moins sombres, toutes nos actions, toutes nos pensées ont toujours sous-entendu cette perte, et le malheur qui n'était dans la bouche de personne se lisait dans les pensées de tous.

Cette secousse fut trop forte pour mon corps et ma tête affaiblis, je dus reprendre pour plusieurs jours le lit que j'avais à peine quitté.

Depuis ce funeste événement le voyage n'a plus eu de charmes ; si un vaisseau était venu nous prendre pour nous ramener de suite en France, j'aurais salué son arrivée avec plaisir.

Qu'avais-je affaire encore à voyager ? J'avais adoré Dieu dans sa crèche et son tombeau ; j'avais vu cette terre où le Sauveur avait vécu avec les fils des hommes, je pouvais dire avec Siméon le *Nunc dimitis*, etc. Quel intérêt pouvions-nous prendre aux objets secondaires qui nous restaient à voir après une pareille catastrophe ? Sans elle, nos entretiens sur cette Judée que nous étions venus chercher de si loin, et où chaque coin de terre est empreint de souvenirs poétiques et divins, auraient réveillé à chaque instant l'intérêt palpitant de notre pèlerinage et ces communications de nos pensées les plus intimes, ce rappel de nos plus vives images auraient été comme un foyer inépuisable d'émotions de toute nature.

Tout était fini, nous vivions tristes et isolés, les marques d'intérêt sans cesse renouvelées qu'une foule nombreuse venait témoigner à ceux qui étaient au comble de l'affliction n'avaient pas le pouvoir de les distraire, et les rares paroles, étrangères au profond sujet de douleur proférées dans ces circonstances, paraissaient plutôt l'effet d'un mécanisme qu'on fait parler que l'expression d'une pensée sentie, tellement l'âme était occupée d'une seule chose.

Quelques jours après cette mort déplorable, un nouveau spectacle devait réveiller de nouvelles douleurs.

Le clergé du couvent des capucins, qui est la paroisse de tous les Francs de Beyrouth, vint, au milieu de ses chants graves et solennels, chercher la dépouille mortelle de la jeune vierge, pour la porter à l'église et la déposer dans un caveau particulier jusqu'au jour de notre départ ; car nous ne devions pas la laisser sur une terre étrangère.

Tous les prêtres et évêques catholiques de la ville, les Grecs, les Syriaques, les Maronites et les Arméniens accompagnèrent, dans leurs costumes graves et pittoresques, les prêtres de l'Eglise latine. Un grand nombre d'hommes recueillis suivait en silence le convoi funèbre; où se trouvaient les consuls, les négocians, les principaux habitans chrétiens et la foule du peuple, de ce peuple qui a des larmes sincères pour l'infortune.

Un douloureux rapprochement vint frapper mon esprit. Je pensais que peut-être un jour on aurait conduit cette jeune fille, parée et brillante, à l'autel de l'hymen; qu'alors aussi la foule l'aurait accompagnée de ses applaudissemens et de ses cris d'allégresse; que le visage rayonnant des parens, ému jusqu'aux larmes, mais ému par la joie se serait montré à cette foule. Tandis qu'aujourd'hui la parure de cette jeune fille est un linceul, un drap recouvre ses yeux éteints, et ses parens, renfermés dans l'endroit le plus retiré de leur maison, n'entendent que le bruit confus du lamentable chant des morts.

La croix et les bannières, au milieu de nuages d'encens, précédaient le cortége, qui, resserré entre les figuiers d'Inde qui bordent le chemin, se prolongeait depuis notre habitation jusqu'auprès des portes de la ville. Peu à peu le bruit des voix qui chantaient allait en s'affaiblissant, il ne restait bientôt plus que le bourdonnement confus de ces voix qui se perdaient dans l'éloignement et de la foule qui marchait. Après ce dernier retentissement, comme après le bruit qui survit quelque temps après le brisement des vagues, le silence le plus solennel s'établit autour de notre demeure; silence qui annonçait que toutes les relations avec ce monde étaient finies, qui détruisait les dernières illusions, retombait sur l'âme et l'accablait comme un poids immense.

Nous que la douleur ou la maladie empêchait de suivre cette pompe funèbre et de mêler nos voix à ces cantiques solennels, il ne nous restait pour consolation que nos pleurs et nos prières silencieuses.

Plusieurs mois s'écoulèrent ainsi dans cette retraite. Réunis momentanément au déjeûner, nous nous séparions jusqu'au dîner, pour ne plus nous quitter que vers les dix ou onze heures du soir.

Que ceux qui s'appuient sur les choses humaines, qui croient que la fortune, la gloire et le génie peuvent donner ce bonheur après lequel nous courons tous, auraient été vîte désabusés, s'ils avaient vécu avec nous! Combien le sort du pauvre, à qui tout manque, qui n'a autour de lui qu'une jeune famille que ses bras nourrissent, qui n'a pour toute joie dans ce monde que les caresses de ses enfans, quand le soir il vient se reposer de son travail, était préférable à tout l'éclat, à tout le brillant qui environnait notre triste demeure!

Jamais je n'ai vu d'une manière plus frappante le néant de la félicité humaine, et combien celui-là seul qui promet le bonheur pour l'éternité, peut l'assurer ici-bas.

# XXV

**Excursion dans le Kasravan. — Le fleuve du Chien et l'évêque Antoine.**

Vers le milieu de février, un évêque de la montagne, avec lequel M. de Lamartine avait des relations, lui écrivit pour m'engager à aller voir un de ses parens malade, qui demeurait à Gousta, dans le Kasravan. J'étais souffrant d'un rhumatisme articulaire; le ciel était nuageux, ce qui me faisait hésiter ; mais sur l'assurance que me donnait mon guide, que le trajet se faisait dans quatre heures et demie, que près de là était Antoura, couvent de Lazaristes français que je désirais voir, je me déterminai à le suivre.

Ce guide était un Maronite qui avait fait ses études à la Propagande à Rome ; il parlait couramment latin et italien, et devait en même temps me servir d'interprète.

Je ne tardai pas à me convaincre que j'avais mal fait de compter sur l'assertion de mon guide, qui, vu mon hésitation, avait pris le parti de m'induire en erreur sur la distance, pour me déterminer à le suivre.

Le froid et la pluie nous prirent en route, et le surcroît de chemin, sur lequel je ne comptais pas, me rendit de mauvaise humeur. Je la lui témoignai avec assez d'amertume, en lui disant : C'est donc vrai ce qu'on dit des Arabes, qu'il est impossible qu'ils ne mentent pas à l'homme qui les interroge, puisque vous-même, malgré votre éducation européenne, vous êtes, sur ce point, resté Arabe? Quel intérêt aviez-vous à me tromper sur le chemin, puisque dans si peu de temps je devais reconnaître l'imposture? Après ces mots je me tus. Ce reproche parut vivement l'affecter, car pendant le chemin il me répéta cinq à six fois : Je ne suis pas un menteur, je n'aime pas le mensonge; les Tatars ne mettent que quatre heures et demie pour faire ce trajet. A la fin, je craignis de l'avoir trop affligé, je lui dis : Je crois que vous n'êtes pas un menteur, mais vous avouerez cependant que vous aviez dessein de déguiser la vérité, car vous saviez parfaitement bien que nous n'allions pas voyager en poste comme les Tatars; qu'en vous demandant la distance, c'était celle qu'on calcule d'après le temps que met un homme au pas ordinaire de voyage, que je voulais savoir et non celle que met un Tatar. Cette concession lui suffit, et du moment que le mot menteur était retranché, tout était bien; il parut content.

Cette dissimulation ou cette prudence extrême de ne rien dire qui ne souffre diverses explications est, je crois, le triste fruit du gouvernement absolu et arbitraire des

Pachas, qui se reflète sur celui des princes de la montagne.

L'homme, pour conserver sa vie ou sa fortune que le moindre mot peut lui faire perdre, s'est habitué à une grande circonspection dans toute sa conduite, et à ne rien dire qui ne souffre des explications diverses. Cette nécessité de dissimuler est devenue une habitude et est passée dans les mœurs. Je pense que l'Arabe dit en lui-même : J'ai assez le temps de dire la vérité, quand j'aurai examiné si elle ne peut en rien me nuire. Si vous lui faites voir le mensonge évident de son discours, il se justifiera par une explication forcée, comme l'élève de la Propagande.

Combien les gouvernemens ne sont-ils pas coupables quand ils obligent les individus à recourir ainsi à la duplicité pour conserver ce qu'une administration sage devrait leur garantir !

J'avais suivi mon guide pendant trois heures, nous avions traversé le Nahr Beyrouth sur un pont et une autre rivière à gué, quand nous arrivâmes au fleuve du Chien (Nahr Kelb). Ce fleuve frappe vivement l'œil du voyageur. Dans la montagne sur laquelle on passe avant d'y arriver, sont des inscriptions latines taillées dans des cadres du rocher, qui datent du temps des empereurs romains ; je n'ai pas pu les déchiffrer entièrement, ce qui fait que je ne les ai pas copiées. On descend rapidement de cette montagne vers la rivière, qu'on voit serpenter entre des rochers à pic, gris et arides, qui l'accompagnent jusqu'à la mer.

Nous remontâmes un peu le courant pour jouir en plein de la beauté du point de vue ; ce qui n'arrangeait pas trop mon guide, qui aurait voulu traverser de suite et continuer la route ; il savait combien de chemin il nous restait à faire ; je l'ignorais encore. Etant arrivés au point que nous jugeâmes le plus convenable, nous nous retournâmes en portant nos regards vers la mer.

A droite, le pied de cette montagne nue est tapissé d'un rideau de verdure s'élevant à une trentaine de pieds au dessus du sol, et surmonté d'un aqueduc, qui, dans quelques endroits, est placé sur la montagne ; dans d'autres, est soutenu par une longue file d'arcades, portée par des piliers ; ces piliers, adossés contre le rocher, sont entrelacés par mille plantes qui sortent de toutes ses fentes, et forment dans ce lieu désert comme un élégant portique, dernier débris debout d'un temple immense. Le mauvais état de l'aqueduc lui fait perdre une partie de son eau, qui retombe en cascades multipliées au milieu de ce paysage d'un genre unique.

Au delà toute végétation cesse, et la ligne de séparation est si nette qu'on croirait qu'un jardinier l'a tracée avec ses ciseaux.

A gauche, toute la montagne est nue depuis sa base jusqu'à son sommet ; mais une langue de terre de quelques toises de largeur accompagne la rivière, et les mûriers qui la couvrent donnent la verdure qui manquait de ce côté. Là aussi se trouve près du pont qui traverse la rivière une petite habitation où l'on vend du café aux voyageurs, et que l'on prendrait volontiers pour un amas de pierres qu'une secousse violente a détaché de la montagne. Le fleuve coule au milieu de cette végétation tendre et gracieuse, mais dominée par ces vieux et arides rochers ; on dirait le temps immobile contemplant la fugitive jeunesse dans toute sa sève et sa beauté.

Le fleuve, d'abord libre dans sa course, se rétrécit pour passer sous un pont d'architecture turque; ces ponts, dont l'arche du milieu, plus large, plus élevée que les latérales, est peu surchargée, présentent quelque chose de léger et de monumental à quoi la ligne droite de nos ponts plats n'a pas habitué notre œil. Les montées et les descentes en sont rapides; mais cette disposition est sans inconvénient dans ce pays où l'usage des voitures est inconnu, et serait impraticable dans l'état actuel des chemins.

J'avais ainsi autour de moi ce paysage dont j'ai essayé de donner une légère idée, devant moi le pont turc, et pour achever le tableau, le fond était terminé par la mer, avec ses vagues bleues et son horizon sans fin. Les idées du fini et de l'infini se mêlaient dans mes pensées, et je restais là l'œil fixe et immobile, fasciné en quelque sorte en contemplant ces merveilles, sans pouvoir quitter ces lieux ni en détacher mes regards. Mon conducteur, pour qui cette vue n'était pas nouvelle, et qui tenait à arriver le plus promptement possible à sa destination, avait essayé plusieurs fois inutilement de me tirer de là ; enfin il me promit, pour me faire marcher, de bien autres merveilles que celles que j'avais devant les yeux. Le fait est que j'ai vu des choses plus grandes, plus horribles, mais nulle part, à la vue seule de la nature, je ne me suis senti ému comme ici.

Enfin nous passâmes le pont, et laissant entre la mer et nous une plaine de mûriers, nous suivîmes pendant quelques heures un ruisseau d'irrigation situé au pied des montagnes; nous nous mîmes ensuite à les grimper par des chemins étroits et pierreux; la pente, dans quelques endroits, en est tellement rapide, qu'on a dû y tailler des escaliers dont les marches ont souvent un pied et demi et deux pieds de hauteur. Nous n'y allâmes, comme on le pense bien, qu'au petit pas de cheval, et l'on est même étonné qu'un cheval puisse y marcher, surtout pour descendre; mais ces chevaux sont si habitués aux montagnes, et si prudens, qu'ils ne font jamais un faux pas quand le cavalier ne les contrarie pas avec la bride et qu'il les laisse faire. Les chevaux des plaines s'y casseraient les jambes et tueraient leur cavalier. Pour descendre de ces escaliers, l'animal ramasse ses pieds de derrière et laisse tomber ensuite ses deux pieds de devant à la fois sur l'escalier inférieur; il descend souvent de cette manière plusieurs marches de suite.

Après avoir chevauché pendant environ deux heures, mon guide me fit arrêter devant la maison de l'évêque parent du malade, pour y dîner.

Cet évêque m'accueillit avec la plus grande bienveillance; pendant qu'on préparait notre repas, il offrit la pipe, la limonade et le café; ce sont là les premières marques d'hospitalité qu'on montre à l'étranger; ce sont aussi les marques de politesse qu'ils se donnent entre eux.

A côté de l'habitation de l'évêque était un couvent de religieuses ; aussitôt qu'elles apprirent, et il paraît qu'elles apprennent tout, quoiqu'elles soient cloîtrées, qu'un médecin étranger était arrivé, elles me prièrent de passer chez elles pour me consulter. Je m'empressai de me rendre à leur invitation ; introduit dans la maison, je trouvai tout le couvent réuni autour de la supérieure ; chaque religieuse avait quelque question à me faire, quelque avis à me demander. Je tâchai de satisfaire de mon mieux à toutes ces demandes et je prescrivis à chacune d'elles ce que je pensai devoir lui être agréable.

Au commencement de mon séjour en Syrie, quand j'étais consulté par des femmes, je prenais la chose au sérieux et j'y mettais l'importance qu'un médecin met ordinairement quand il croit avoir une indisposition ou une maladie à combattre. J'ai changé de méthode dans la suite, car partout où j'ai été appelé, excepté la personne pour laquelle on me faisait venir, qui, souvent, se trouvait réellement malade, les autres faisaient de la visite du médecin un objet de distraction et de curiosité, lui adressaient les questions les plus puériles et les plus oiseuses. Ces femmes pensent, je crois, qu'un médecin possède la faculté de dire la bonne aventure par l'examen du pouls. Aussitôt que j'avais mis le pied chez une malade, dans un instant toutes les voisines étaient réunies autour d'elle. Elles s'y mettaient à causer avec abandon et vivacité, fumaient leur narguilé, prenaient le café et se comportaient absolument comme dans une réunion de plaisir, sans songer qu'à côté d'elles était une personne qui souffrait et à qui le bruit pouvait être incommode. De temps en temps une de ces femmes se levait et venait me présenter son bras, en me demandant ce qu'elle avait, et paraissait tout étonnée quand, pour le lui dire, il fallait que je lui adressasse des questions. Ces femmes croient, dans leur simplicité, que le pouls indique les maladies présentes et futures, l'état de fécondité ou de stérilité, et même le sexe de l'enfant, quand elles sont grosses. Il serait fort difficile de les dissuader de cette croyance; elles attribueraient à l'ignorance l'aveu qu'on ferait de l'incertitude ou de la nullité de ce signe, et on est obligé de répondre à leurs demandes comme les anciens oracles répondaient à ceux qui les interrogeaient, c'est-à-dire d'une manière qui admette plusieurs interprétations. On a ainsi l'avantage de se donner toujours un air profond et inspiré, et d'attacher une grande importance à des paroles que ne savent comment interpréter ceux qui écoutent.

La monotonie de la vie de ces femmes et leur séquestration de la société des hommes font que pour elles le moindre incident est une distraction, et que la liberté d'examiner et d'interroger un étranger devient un puissant objet d'intérêt et de curiosité.

Pendant mon séjour dans ce couvent, j'en profitai pour demander aux religieuses des détails sur leur régime et leur vie; détails qui m'ont été souvent confirmés depuis, et qui s'appliquent à tous les couvens maronites du Liban. Parmi ce peuple sobre, la sobriété des couvens est encore remarquable; ils ont des jeûnes multipliés, et ce jeûne consiste à ne faire qu'un seul repas, à une heure fort avancée dans la journée. Ils font dans tous les temps abstinence de viande, et la rareté du poisson réduit leur nourriture habituelle à un peu de riz, des olives et des galettes. Dans les couvens d'hommes on cultive la terre; dans les couvens de femmes, la principale occupation manuelle des religieuses est de dévider la soie. Dans les premiers, quelques uns s'adonnent en outre à l'instruction, et la seule imprimerie arabe que possède le pays est placée dans un couvent et mise en activité par les moines.

En rentrant de voir ces religieuses, l'évêque fit servir à dîner ; le vin qu'il nous donna eût été délicieux, s'il avait eu quelques années de plus; mais il est très rare de trouver dans le pays du vin de trois ans, quoiqu'il se conserve bien.

Pendant le repas, un jeune garçon vint chanter ; sa voix n'était pas mélodieuse; du reste il était à la hauteur de ses compatriotes, car l'instruction musicale est peu développée en Orient; l'harmonie, comme beaucoup de choses, y est à sa première origine, quelquefois énergique, mais jamais savante et polie. Mon interprète m'apprit que ce jeune homme chantait pour moi, que c'était l'usage des maîtres de maison d'honorer ainsi leurs convives; je fus très sensible à cette marque de bienveillance, et j'écoutai avec beaucoup d'attention un chant que je ne pouvais comprendre.

Après le dîner, je fis mes adieux à l'évêque Antoine, en le remerciant de sa bienveillante réception. Sur ses instances, je dus lui promettre de l'aller revoir et d'y faire un séjour plus long, si le temps et les circonstances me le permettaient. Un scheik, parent du malade que nous allions voir et de l'évêque, nous précédait dans le sentier étroit des montagnes que nous devions suivre; trois quarts d'heure après notre départ nous arrivâmes au terme de notre course.

---

## XXVI

La maison du malade. — Gousta.

Dès que nous fûmes entrés dans la maison du malade, des domestiques vinrent prendre nos chevaux et nous introduisirent dans une grande chambre, à étage, très élevée, et formant un bâtiment à part. Là comme partout un divan entourait la pièce et une natte couvrait le plancher. Bientôt ce divan fut rempli d'amis du voisinage qui venaient faire visite. Quoique la même curiosité qui amène les femmes pour visiter l'étranger, y amène aussi les hommes, cependant chez ces derniers elle n'est pas si générale et si vive, parce qu'ils sont plus souvent à même de la satisfaire. On fit mille questions à mon guide sur ce que j'étais et d'où je venais. J'avais été mouillé pendant ma route et l'air vif des montagnes me fit demander du feu ; au lieu d'apporter un menghal rempli de charbons allumés, comme on en trouve dans toutes les autres villes d'Orient, un domestique entra chargé de bois mouillé; il le mit dans un cercle maçonné au milieu de la chambre, qui offrait un rebord de deux pouces au dessus du reste du plancher; c'était là le foyer : mes yeux se portèrent de suite en haut pour voir le tuyau de cette singulière cheminée; je n'aperçus qu'un plafond d'un noir luisant, sans ouverture aucune; il y avait seulement des trous carrés sur le haut des murailles latérales, par où la fumée pouvait s'échapper. Malgré cette disposition du foyer, peu rassurante pour les yeux, je voulus me sécher et me chauffer; je m'approchai du feu et le fis souffler vivement pour le faire brûler d'une flamme claire, sans pouvoir en venir à bout. Bientôt personne ne put tenir dans la chambre, excepté ceux qui, comme moi, étaient placés tout contre le foyer. Je fis faire ainsi maison nette sans m'en douter et sans m'en apercevoir. Moi-même à la fin j'eus de la peine à résister, et si l'on n'avait ouvert toutes les fenêtres et la porte, j'aurais dû suivre l'exemple des autres. A la fin, moitié satisfait, moitié dégoûté de ce feu qui brûlait avec peine, je sortis pour aller dans l'appartement du malade qui était dans un autre bâtiment où je trouvai une partie des personnes que la fumée avait fait fuir du mien; le malade était couché sur un matelas par terre; il était atteint d'un squirrhe à l'estomac, maladie qui datait de plus de trois ans. Je ne pus que procurer un peu d'adoucissement aux douleurs ans donner aucun espoir de guérison.

Le malade examiné et la prescription faite, je me retirai dans ma première chambre; j'expliquai à mon interprète comme quoi cet homme n'était pas susceptible de recouvrer la santé, que sa maladie le ferait nécessairement mourir, et je priai l'interprète de l'annoncer aux parens. Non, je ne dirai pas cela, me dit-il : dans ce pays-ci, il faut qu'un médecin ait des remèdes pour tous les maux, sans cela il passera nécessairement pour un ignorant ; si du reste le malade ne guérit pas, ce sera la volonté de Dieu. Vous, médecin, prescrivez toujours et ne doutez jamais de l'effet de vos remèdes.

J'insistai pour qu'il dît la vérité sans pouvoir l'ébranler le moins du monde; plus tard, en y réfléchissant, j'ai pensé qu'il pouvait avoir raison ; que même ailleurs qu'en Arabie, et pour d'autres choses que pour la médecine, ne douter de rien peut procurer des avantages qu'une conduite plus vraie et une appréciation plus juste de ses forces ne donneraient pas.

J'avais trouvé en arrivant un médecin du pays établi dans la maison ; nous convînmes très facilement de ce qu'il y avait à faire. Il n'entendait rien en médecine, et l'harmonie s'établit vite quand il n'y en a qu'un qui parle.

La médecine s'exerce ici tout différemment qu'en Occident ; d'abord on n'a besoin ni de diplôme, ni d'études pour se faire médecin, il suffit de se donner pour tel : aussi, souvent les Européens qui ne savent plus de quel bois faire flèches, apprennent quelques recettes, se procurent quelques drogues, se font guérisseurs, et se trouvent ainsi de prime-abord au niveau des médecins arabes. Un seul médecin anglais avait fait des études complètes ; la tourbe ignorante s'était ruée sur lui et il n'avait pas de clientelle.

Quand un médecin est appelé près d'un malade, il fait avec ce dernier un marché à forfait, promet la guérison moyennant tant de piastres, dont la moitié sera payée comptant et l'autre moitié la guérison obtenue. On marchande, on se débat sur le prix; le malade fait ses offres, le médecin rabat quelque chose de ses prétentions, et finalement le marché se conclut ou ne se conclut pas. Quand le marché ne se conclut pas, cela dépend ordinairement de ce que la fortune du patient ne lui permet pas de faire le sacrifice qu'on exige; quand, au contraire, l'accord se fait, le médecin reçoit de suite la moitié des piastres convenues et administre quelques médecines; si la maladie ne se termine pas promptement et qu'elle suive une marche lente, il néglige le malade. Si, plus tard, les efforts de la nature amènent un heureux résultat, le malade ne s'empresse pas non plus de donner la dernière moitié de son argent et accuse toujours quelques douleurs encore existantes pour éviter le paiement : ce n'est donc que sur la moitié de son marché que le médecin peut compter, et il s'arrange en conséquence. Quand la maison est bonne, il s'y établit à demeure, y est logé et nourri souvent pendant des quinze jours et trois semaines. Il n'y reste pas si longtemps quand un marché plus avantageux se présente, ou quand la maladie prend une mauvaise tournure.

Pour revenir à mon interprète, il ne voulut jamais se charger de rendre aux parens mon opinion sur l'état du malade. Pendant notre discussion sur ce sujet, on servit à souper.

On étendit d'abord une nappe par terre sur le tapis, au milieu de cette nappe fut mis une espèce de support octogone de bois incrusté de nacre, d'un pied et demi de hauteur et d'un pied de diamètre, au dessus duquel on plaça un très grand plateau de cuivre blanc; une file de domestiques se succédèrent ensuite apportant les mets qui devaient composer le souper; ils les mirent sur ce même plateau, serrés les uns contre les autres. Un autre domestique jeta par terre autour du support du pain fait en forme de galette, où les convives l'allaient prendre quand ils en avaient besoin pendant le repas. Quelques parens du malade et des voisins restèrent pour souper, et nous nous mîmes onze autour de cette table, juste le même nombre qu'il s'y trouvait de plats. Les Arabes s'assirent par terre sur le tapis; le médecin ordinaire, qui était Italien, et moi sur des coussins; ce qui ne m'empêcha pas d'être très content quand le repas fut fini; car cette position à table était extrêmement gênante pour moi, qui souffrais des articulations, et n'avais pas l'habitude de m'asseoir à la manière arabe. Comme on sait dans la montagne que les Francs ne mangent pas avec leurs doigts, on avait donné une fourchette à mon collègue et à moi. C'étaient probablement les seules qui existassent dans le village; elles étaient de fer avec le manche en bois.

Le service dressé sur la table consistait en trois plats de viande, plusieurs plats de légumes farcis, le fondamental pilau de riz et quelques plats de pâtisseries. La viande de deux des plats était servie, coupée en petits morceaux ; mais le troisième plat contenait un lapin entier rôti. Celui qui voulait en manger devait prendre l'animal avec les doigts, et le déchirer jusqu'à ce qu'il en eût détaché ce qu'il désirait. Sur les tables arabes, les couteaux n'apparaissent pas plus que les fourchettes, de même pour les cuillers, auxquelles les doigts suppléeraient difficilement si on mangeait de la soupe comme dans nos dîners. Plusieurs domestiques, debout, munis entre eux tous de trois à quatre verres, servaient à la ronde le vin aux convives. Cette pluralité de verres était du luxe; ordinairement il n'y en a qu'un, et les invités boivent tous à la même coupe.

L'eau apportée dans des cruches se boit sans y toucher des lèvres, et il n'est pas rare de la voir verser dans la bouche, le vase en étant à un pied de distance.

Le repas fini, on nous présenta de l'eau et du savon pour nous laver; après quoi l'on desservit; et de nouveau les domestiques chargèrent les pipes et apportèrent du café.

La description de ces repas d'aujourd'hui n'est-ce pas la description des repas anciens, et ne devrait-on pas étudier ces peuples d'Orient dans tous leurs détails, pour comprendre et apprécier les mœurs antiques et les allusions à ces mœurs qui fourmillent dans les vieux auteurs. Ici, toute l'antiquité se trouve en quelque sorte vivante, comme dans Herculanum et Pompéia on voit les restes inanimés des siècles passés.

Au sortir de table, la conversation se prolongea pendant une heure ou deux; elle était calme, sérieuse :

pendant mes courses dans ces montagnes, je l'ai vue rarement enjouée ; jamais je n'ai entendu d'éclats de voix dans ces réunions, ni même ce bourdonnement fatigant des conversations particulières de nos assemblées. Il y a quelque chose de contemplatif dans toute la tenue de ces hommes. Le besoin de se produire ou simplement de vivre ne les travaille pas sans cesse ; l'inquiétude intérieure, née de ce besoin, qui se traduit chez nous par la mobilité de nos traits, la multiplicité de nos gestes et le désir de changer de place ne les tourmente pas. Ils paraissent convaincus que Dieu qui leur a donné le jour d'hier leur donnera le jour de demain si cela convient à sa sagesse, et qu'il n'a accordé la terre à l'homme qu'à condition qu'il en jouisse avec modération et retenue. Ce peuple, considéré en masse et mis en parallèle avec une masse égale de peuple civilisé à la moderne, possède une plus grande quantité de notions morales et plus de vertus. S'il y a plus d'ignorance sur tout ce qui peut exciter la curiosité de l'esprit ou satisfaire les besoins matériels du corps, il y a plus de calme et d'indépendance. On peut être étonné de m'entendre parler d'indépendance à l'occasion des chrétiens d'Orient, au milieu desquels j'ai vécu quelque temps ; mais l'indépendance, à ce que je crois, ne dépend pas de quelques formes plus ou moins arbitraires de gouvernement ; elle est hors de l'atteinte des hommes, et les fers les plus rudes ne peuvent l'ôter. Quand l'homme la perd, c'est toujours parce qu'il se manque à lui-même, qu'il s'éloigne de la source où on la puise ; et cette source est celle où il apprend à se conformer aux lois qui régissent son être. Hors de là, l'indépendance n'est plus que l'illusion de l'esclave, qui, dans ses rêves, croit qu'on lui a ôté ses fers, et les sent plus pesans que jamais à son réveil. Ce peuple ayant mille besoins de moins que nous, la terre y satisfait beaucoup plus facilement, et leur esprit en acquiert plus de liberté.

Pendant la conversation générale qui s'était établie, je demandai à mon interprète pourquoi la maîtresse du logis n'était pas venue se mettre à table avec nous. Il me répondit : Ce n'est pas l'usage. Les femmes ne mangent pas avec les hommes ; elles se tiennent à la cuisine pour surveiller le dîner ou pour le faire, et ne touchent à rien avant que ceux-ci n'aient fait leur repas. J'ai trouvé cela un peu sévère et peu en harmonie avec nos habitudes ; cependant les femmes n'en ont pas l'air plus malheureuses dans leur intérieur. Quand un mari sort pour ses affaires ou ses plaisirs, qu'il s'absente pendant plusieurs heures ou pendant plusieurs jours, rarement il en dit un mot à sa femme, et il est toujours le bienvenu quand il rentre. Cette manière de vivre a quelque chose de séduisant pour l'homme ; je doute qu'en Occident la femme s'en accommodât, je ne sais même pas si elle serait utile pour les deux ; car, avec notre facilité de mœurs, il y a peut-être de l'avantage à ce que l'un serve de frein à l'autre. Ce frein, quoique paré par une affection qu'on a, ou qu'on est censé avoir, n'en existe pas moins, et n'en est pas moins salutaire. Il serait assez curieux d'étudier quelle influence cette partie des mœurs orientales, introduite chez nous, aurait sur nos mœurs générales, et comment influerait en Orient l'empire de la femme établi comme en France.

Tout le monde étant retiré, la maîtresse du logis, sa sœur et une servante me firent demander la permission d'entrer, en me disant qu'elles se retireraient du moment où je voudrais me coucher : si j'avais été Arabe elles ne seraient pas venues. J'octroyai volontiers leur demande ; la servante se mit à arranger leur narguilet et un domestique vint charger de nouveau nos pipes. La femme s'informa de l'état dans lequel j'avais trouvé son mari, et quelle était mon opinion sur l'issue de la maladie. Je ne sais comment mon interprète rendit mes paroles ; je pense qu'il les modifia beaucoup, car cette femme n'en fut pas du tout triste, et cependant je n'avais rien dit de consolant. Les femmes de la montagne portent sur leur tête un singulier ornement, c'est une espèce de corne en or ou en argent, quelquefois garnie de pierreries, d'un pied et demi à deux pieds de longueur ; plus elles sont riches et élevées en dignité, plus cette corne est longue. Elles ne la quittent jamais ; couchées pendant la nuit, ou malades, elle est comme une autre partie d'elles-mêmes. Les unes la portent sur le devant, comme la licorne, et les autres sur le côté ; des deux femmes qui étaient là, l'une la portait d'une façon et l'autre de l'autre. Je leur fis demander si cet ornement ne les gênait pas ; elles me répondirent que l'habitude avait fait disparaître la gêne ; qu'en effet quand, à leur mariage, elles commençaient à la porter, c'était un peu gênant. Le dialogue suivant s'établit entre nous : Comment, vous ne portez pas cette corne depuis votre enfance ? — Non ; il n'y a que les femmes mariées qui la portent ; c'est même une pièce essentielle de la dot que doit apporter le futur à sa nouvelle épouse ; quelqu'un qui n'aurait pas cela à donner à sa fiancée ne pourrait jamais se marier. — Pourquoi les cornes n'ont-elles pas la même forme et ne les portez-vous pas de la même manière ?— On les portait autrefois généralement sur le côté de la tête ; maintenant la mode en a changé, et beaucoup de personnes les portent sur le haut du front. Toutes celles qu'on porte sur le front se terminent par une pointe plus étroite que leur base, tandis que, de celles qu'on porte sur le côté, l'extrémité libre, évasée, se termine en pavillon, et ressemble assez bien à un porte-voix. Il faut que l'habitude rende tout facile, car ces cornes si longues, dont les bases ne sont pas très larges, devraient déjà par elles-mêmes gêner beaucoup la tête ; outre leur longueur, elles soutiennent et sont couvertes en partie par le voile, qui est un ornement commun à toutes les femmes. Celles de la montagne tiennent à leur corne au delà de toute expression ; elles se croiraient déshonorées si on la leur ôtait. Dans une habitation, non loin d'Antoura, un mari désirait se défaire de cet ornement de sa femme, en apparence parce que la corne était trop longue, qu'il convenait mieux qu'elle en eût une plus petite ; mais celle-ci se doutant que la raison que donnait son mari n'était qu'un prétexte pour faire de l'argent, qu'il ne songeait nullement à remplacer ce qu'il voulait vendre, en conçut un si violent chagrin, que, quand elle eut ôté ce signe de son mariage, elle tomba dans un état tel que son mari ne sut que devenir. Sa bouche fermée convulsivement et ses yeux hagards inspirèrent aux assistans un vive frayeur. On courut au couvent d'Antoura demander le père Le Roi qui vint à la maison porter secours à cette femme affligée ; il voulut lui faire boire quelque calmant et ne put lui ouvrir la bouche. Le père la menaça ; elle desserra légèrement les dents, de manière à pouvoir avaler quelques gouttes de la boisson qu'il lui présentait. Il s'informa ensuite de ce qui pouvait avoir donné lieu à cet accident ; le mari raconta le démêlé qui venait d'avoir lieu entre lui et sa femme, au sujet de sa corne ; le père la fit rendre et promettre à ce dernier de ne pas la vendre. Aussitôt la femme revint à elle, versa un torrent de larmes, embrassa les mains de celui qu'elle appelait son sauveur, et fut guérie de son attaque de nerfs.

Tout le village fut en émoi de cette affaire ; car les attaques de nerfs n'y sont pas communes, et la cause qui y donna lieu ne se présente que rarement.

Les femmes mariées portent de chaque côté, au devant de leurs épaules, une des tresses de leurs cheveux ; les jeunes filles les portent toutes en arrière. Ces cheveux, qui sont portés pendans, sont tressés avec des galons de soie noire, terminés par des ornemens en argent qui descendent jusqu'au dessous du jarret.

Quoique la conversation ne m'ennuyât pas, il fallut cependant songer à nous coucher : c'est ce que mon interprète fit comprendre. On fit aussitôt dresser mon lit de la manière suivante : on posa un matelas sur un tapis dans un coin de la chambre, qu'on couvrit d'un drap; un coussin du divan servit d'oreiller, et une lourde courtepointe, à laquelle on avait cousu le drap de dessus, comme cela se remarque dans quelques parties de l'Allemagne, rendait le lit complet. Dans un autre coin de la chambre, on fit à peu près de même pour mon interprète. La couche des Arabes est ordinairement plus simple; souvent, au lieu de matelas, ils se reposent sur un tapis ou sur une simple natte, et se couvrent de leurs manteaux; ils ne se servent pas non plus de draps; aussi ils ne se déshabillent pas.

Le matin, à mon réveil, je ne voyais arriver le jour que par quelques trous de la muraille et quelques fentes des portes ou fenêtres. Les fenêtres n'ayant point de vitres, on est obligé de fermer tous les contrevents : c'est ce qu'on fait même le jour, quand il fait froid ou qu'il pleut. Les habitans se condamnent ainsi à une obscurité qui contrarierait beaucoup un Européen. L'idée de la condition des femmes me préoccupait toujours; et, avant de m'endormir, je disais à mon interprète : En France, l'on ne parviendrait pas à réduire les femmes au rôle des femmes arabes, sans les rendre malheureuses au dernier point. Nos femmes, dit-il, sont au moins aussi heureuses que les vôtres; elles ne désirent pas plus d'avantages qu'elles n'en possèdent. Dès leur jeunesse, elles voient que tout est réglé ainsi, et il n'y a personne qui soit tenté de leur faire naître l'idée d'y faire le moindre changement. D'ailleurs les femmes, chez vous, apportent à la communauté autant que les hommes ; il est donc juste qu'elles aient à peu près les mêmes droits. Ici, au contraire, un mari achète sa femme ; c'est-à-dire qu'il lui fait une dot en parure et en habits ; il n'en reçoit rien, et elle n'apporte ordinairement avec elle que les grâces de son corps et les talens un peu perfectionnés d'une servante. Les occupations des femmes sont très bornées : outre quelques soins qu'elles donnent à l'intérieur de leur maison, se parer et fumer sont presque leurs seuls travaux de la journée. Elles n'ont aucun maniement d'argent ; les hommes achètent ou font tout acheter. Dans les classes élevées, les femmes ont plusieurs servantes, ce qui leur permet de se livrer davantage au repos et à la parure ; mais la subordination vis-à-vis du mari et vis-à-vis des fils est partout la même. Il n'est pas rare qu'un garçon de quinze ans envoie promener sa mère comme une chose toute naturelle ; elle ne s'en plaint pas, et le père ne songe pas même que cela peut être inconvenant. Mon interprète m'apprit de plus que les filles des scheiks des principales familles de la montagne ne peuvent se marier qu'avec des hommes d'un certain nombre de familles connues. Si elles ne trouvent pas à se pourvoir dans cette classe, elles n'ont d'autre ressource que le couvent et le célibat. Trouver de la morgue aristocratique chez ce peuple si simple, et sur ce point, est extraordinaire ! Des femmes qui n'apportent que peu de chose, qui sont sans influence dans la maison, qui ne sont destinées qu'à jouer un rôle secondaire, qui sont sans instruction, ne devraient pas, il me semble, mériter une telle distinction et une telle importance. Quand ensuite vous examinez le genre de vie des montagnards, qui, sous beaucoup de rapports, est patriarchal; que vous voyez les domestiques faire partie de la famille, entrer dans les salons du maître sans que leur service les y appelle, prendre part à la conversation comme les fils de la maison, vous êtes plus étonné encore de reconnaître sous cette apparente égalité des distinctions aussi tranchées. La nourriture et les vêtemens des grands ne diffèrent non plus guère de ceux du peuple. Cependant, au milieu de tout cela, l'orgueil se place, et l'on craint de déroger. J'ai connu, plus tard, le jeune scheik d'Aïntress', qui avait trois sœurs à marier; il ne connaissait personne de sa classe qui, à cette époque, ne fût pourvu de femme; il était très embarrassé : trois sœurs à marier, sans prétendans admissibles, était en effet très embarrassant. Le jeune scheik avait quelque intention de permettre que ses sœurs se mariassent avec des personnes riches, quoique n'ayant pas son rang. Cette pensée, qu'il avait exprimée quelquefois, parvint à l'oreille des autres membres de sa famille et aux scheiks de son rang. Ces derniers se réunirent tous ensemble et lui écrivirent une lettre pour lui annoncer que, s'il faisait pareille chose, ni eux ni leurs enfans ne s'allieraient jamais avec aucun des siens, et qu'à l'instant même ils rompraient toute communication et toute amitié avec lui.

Un jeune marchand très riche, d'une bonne réputation, se présenta ; il fut refusé. Le jeune scheik n'osa pas enfreindre de telles menaces. J'ai vu, plus tard, ces trois jeunes filles douces et modestes mener une vie monotone dans le château de leur jeune frère. Le sommeil mit fin à nos réflexions et à nos discours ; et le lendemain il fit jour avant que je fusse réveillé. Comme c'était le mercredi des cendres, je demandai si l'église du village se trouvait éloignée de l'habitation. On me la montra à peu de distance ; l'on s'empressa de me dire qu'elle avait été bâtie par Louis XVI, et aussitôt un concert de louanges se fit entendre pour la France. A chaque pas, vous entendez ce peuple la bénir ; la tradition des bienfaits qu'il en a reçus se conserve religieusement ; dans toutes ses peines et ses persécutions, il la regarde comme son appui et sa protectrice. En m'informant si on distribuait les cendres, j'appris que le Carême des Maronites commence le lundi-gras, et qu'on donne les cendres ce jour-là. Dès qu'on apprit dans la maison que je voulais me rendre à l'église, l'on s'offrit avec empressement de m'accompagner. Les chrétiens témoignent une joie extrême quand ils voient des Francs assister à leurs cérémonies et avoir la même foi qu'eux. Les voyageurs européens qui les visitent ne les ont pas habitués à cette vue. Les Maronites font maigre à l'huile pendant tout le Carême, mais ne jeûnent ni le samedi ni le dimanche. Ils font la Pâque avec nous, tandis que les Grecs catholiques la font en même temps que les Grecs schismatiques, d'après l'ancien calendrier. Hors le Carême, les Orientaux ne font pas abstinence de viande le vendredi et le samedi, comme les Latins, mais bien le mercredi et le vendredi de chaque semaine; ils observent dans l'Avent un jeûne que nous n'observons pas.

Sortant de la maison pour aller entendre la messe, je fus agréablement surpris du paysage qui s'offrit à mes yeux; la veille, je n'avais fait que l'entrevoir; le jour qui fuyait m'en dérobait une partie. Autour de moi s'offrait une série de montagnes qui formaient un amphithéâtre avec des gradins réguliers, comme si l'art les avait bâtis. Ces gradins, formés par de petites murailles de quatre à cinq pieds de hauteur, soutenaient des bandes de terre plantées de mûriers de deux à trois pas de largeur. De nombreuses maisons, des églises, des couvens, sont éparpillés dans ce demi-cercle immense; le fond est une plaine cultivée qui s'étend jusqu'à la mer, et qui, quoique éloignée de deux lieues et demie, paraissait toucher à nos pieds, à cause de la position élevée où nous nous trouvions. Ces gradins tapissés de verdure, s'élevant sans interruption depuis le bas jusqu'au haut, n'offriraient qu'un coup d'œil uniforme, si les constructions variées qui animent la montagne et qui ont l'air de faire corps avec elle, n'entrecoupaient agréablement ces lignes uniformes, et ne donnaient au paysage quelque chose d'animé et un air de fête. Cette vie est augmentée par le bruit des nombreuses cloches, qu'on n'entend dans tout l'Orient, sonner en liberté, qu'aux monts Libans. Parmi ces constructions, celle qui frappait le plus mon œil était cette église où nous allions nous rendre : située au côté nord de cet immense amphithéâtre, elle est placée tellement en dehors de la montagne, qu'on ne sait avant d'y arriver comment elle peut tenir; au-dessus d'elle est un rocher à pic, nu et sans végétation, et au dessous, un précipice profond; quelques constructions à demi ruinées et une allée assez large l'entourent. On ne peut reconnaître ces détails que de très près; de loin, elle paraît un monument appliqué contre le flanc de cette montagne presque droite. Un prêtre maronite y allait dire la messe : avant de la commencer, il mit l'eau et le vin dans le calice. Je n'ai rien compris au reste des cérémonies; j'ai remarqué seulement qu'il encensait à sept à huit reprises différentes, et qu'il faisait plus de signes de croix que dans une messe latine. Du reste, il communia sous les mêmes espèces et de la même manière que les Latins. Après la messe, nous retournâmes à la maison pour préparer le départ. Sur notre chemin, beaucoup d'habitans voulurent me faire entrer chez eux pour m'offrir quelque chose; mais je refusai partout pour ne pas perdre de temps. Je fis une dernière visite à mon malade, mes hôtes me donnèrent un guide pour Antoura, et je partis fort satisfait de l'accueil que j'avais reçu partout.

## XXVII

### Antoura.

Nous gravissions, mon guide et moi, les montagnes par d'assez mauvais chemins, n'ayant entre nous qu'une conversation en pantomime. J'avais remercié mon interprète, sachant qu'à Antoura je n'en avais plus besoin. Nous laissâmes Larissa à droite. Au bout d'environ une heure de marche, nous arrivâmes dans un endroit d'où nous découvrîmes les habitations de tous les chefs des églises catholiques du pays; la maison du patriarche maronite, du patriarche grec, du patriarche arménien, et enfin celle du délégué du Pape, qui toutes se trouvent sur des mamelons différens et paraissent de loin comme des asiles consacrés aux voyageurs. Notre chemin nous conduisit près de la demeure du patriarche maronite, que nous laissâmes à droite. Tournant ensuite, nous marchâmes dans un sentier étroit sur le flanc d'une montagne aride. A notre droite était un précipice très profond, au fond duquel un petit torrent coulait entre des pierres. Mon cheval, en tournant les pointes des rochers, avait de temps en temps la tête et le col au dessus du précipice; les pierres qu'il poussait avec les pieds roulaient jusqu'au fond de l'abîme; cette vue m'effrayait. Je croyais à chaque instant que le cheval et moi nous allions prendre le chemin des pierres. Le bourdonnement sourd et continuel du torrent augmentait ma frayeur, et aussitôt que le chemin me le permit, je descendis de cheval; mais après avoir marché quinze ou vingt pas, je fus obligé de remonter, car la pluie de la veille avait fait reparaître mes douleurs. Plusieurs fois je descendis ainsi. A la fin, remontant une dernière fois sur mon cheval, et voulant éviter d'être de nouveau ébloui et de perdre la tête, je tins mes yeux violemment fixés à gauche sur la montagne; je dis violemment, car j'éprouvais une tentation extrême de mesurer constamment de l'œil l'abîme qui était à mes pieds. Arrivé au bas, je passai le torrent, et, remontant par un chemin parallèle à celui par lequel j'étais descendu, je me trouvai dans peu de temps rendu à Antoura.

Deux religieux lazaristes occupaient le couvent; monseigneur Losanna, piémontais, nonce du pape, demeurait avec eux dans cette modeste retraite, jusqu'à ce qu'il eût achevé de faire bâtir sa maison. Ce prélat, très gai et très instruit, menait là avec joie la vie très sobre et très uniforme des missionnaires. Je fus reçu très cordialement par eux, comme on reçoit un compatriote en pays lointain. Ces missionnaires, ainsi expatriés pour toute leur vie, dans le cours ordinaire des choses, ne doivent plus revoir ni parens ni patrie; retirés dans la solitude, au milieu de ces montagnes, ils ne font des sorties que pour consoler et instruire. Le plus jeune des deux pouvait avoir 26 à 28 ans; sa figure était pâle et son air pensif; les mots France, patrie, étaient constamment sur ses lèvres; on voyait se livrer dans son cœur un combat de tous les momens entre les souvenirs de sa terre natale et les devoirs de son état; il demandait sans cesse à Dieu la conservation de sa santé, que ce combat altérait, afin de pouvoir suivre sa vocation jusqu'au bout, et d'augmenter ses mérites par le sacrifice des affections les plus légitimes. C'est dans des positions pareilles que l'on voit briller la vertu simple et sans éclat extérieur. Il n'y a là personne pour vous tenir compte de tout ce que vous faites, personne pour apprécier vos efforts; il n'y a que Dieu et vous, et cela suffit aux âmes pures. Le désir de suivre une vocation où Dieu les appelle, de remplir les devoirs qu'elle leur impose, est toute l'affaire de leur vie, et ces âmes saintes finissent par être si intimement unies à Dieu, qu'elles n'aiment plus le monde que parce qu'il leur sert de marche-pied pour arriver à leur créateur. J'ai passé là deux jours presque en famille; moi aussi j'étais enchanté de trouver dans cet éloignement des hommes ayant la même patrie que moi, que le même sol a nourris, élevés sous les mêmes lois et faisant les mêmes vœux de gloire et de prospérité. Il s'établit de suite une intimité qui ne naîtrait en France qu'après bien du temps. J'éprouvais un sentiment de bien être et de contentement intérieur que je n'ai pu trouver que dans une telle position et de telles circonstances.

Antoura est situé dans un endroit agréable, mais la vue ne peut pas errer au loin, car les montagnes qui l'entourent sont plus élevées que le lieu où le couvent est bâti. Sur les hauteurs voisines, il y a en revanche de quoi flatter l'œil le plus habitué aux impressions de la nature. Après deux jours de retraite et de conversation intime dans le couvent, je repris le chemin de Beyrouth; j'ai repris ce chemin seul, je n'ai pas voulu du guide qu'on m'offrait. On éprouve une singulière impression en parcourant ainsi absolument seul un pays qu'on ne connaît pas, habillé d'un costume tout différent de celui des habitans, sans aucune notion de leur langue, en dehors en quelque sorte de toute communication; chaque individu que vous rencontrez vous regarde et vous examine depuis les pieds jusqu'à la tête, comme quelque chose de curieux; il vous adresse la parole, et quand il entend sortir de votre bouche des sons étrangers qui jamais n'ont frappé son oreille, son étonnement est extraordinaire; il se peint sur cette figure quelque chose qui n'est ni affection ni haine, quelque chose d'indécis qui vous met mal à votre aise; vous sentez dans ce moment combien l'homme isolé est faible, combien il a besoin de se sentir des appuis au moins voisins pour développer ses forces et pour compter sur lui-même. Cette sensation, qui vous ébranle, est indéfinissable; ce n'est pas la crainte, ce n'est pas l'assurance de soi; c'est quelque chose d'incertain, de vide, qui fait que vous désirez une société qui vous comprenne avec une avidité extrême. Je continuai ainsi mon chemin, et après les mille réflexions que cet état, nouveau pour moi, faisait naître dans mon esprit, je me suis retrouvé avec joie près de mes compagnons, et j'ai goûté plus vivement le plaisir de ma réunion avec eux.

---

# XXVIII

## Excursion à Aïntress'.

Lorsque M. de Lamartine partit pour Baalbek et Damas, ma santé ne me permit pas de l'accompagner. Je vis ce départ avec beaucoup de peine. Avec quel intérêt n'aurais-je pas été contempler ces ruines gigantesques de l'ancienne Héliopolis, près desquelles toutes les ruines que nous avions vues semblaient n'être que les restes d'ouvrages de pygmées, quand là, des géans avaient plutôt bâti que des hommes; j'y aurais vu mises en œuvre des pierres d'un seul bloc, mesurant soixante-deux pieds de long, sur seize d'équarrissage ; j'aurais vu une rivière passant dans un temple inférieur, tandis que le temple supérieur, entouré d'immenses colonnes proportionnées à sa grandeur, était couvert de dalles de seize pieds carrés, taillées avec tant de luxe qu'on pouvait croire qu'on les avait découpées en dentelles. Peut-être quelque ancienne tradition, quelques vieux souvenirs conservés dans des récits merveilleux, auraient nourri mon imagination et rendu ces pierres vivantes. De quelles images mes yeux n'auraient-ils pas été frappés en voyant plus loin Damas, cette ville unique qui, placée au milieu d'une immense plaine nue et sans végétation, et entourée de ses jardins magnifiques, semble là vivre de sa propre vie et sans communication avec le reste de la terre. Son originalité et son isolement doivent être si propres à faire naître des idées nouvelles et des impressions non encore senties. Mais je dus me refuser à ce nouveau plaisir; les sommités des montagnes, encore toutes couvertes de neige, et la terre des plaines, détrempée par la pluie, ne formant en quelque sorte qu'une mare de boue, étaient des obstacles trop grands, que je ne pouvais affronter. Je ne voulais cependant pas passer dans le repos tout le temps de ma solitude. Le 27 mars, le départ d'un frère jésuite, allant à Aïntress', où est leur couvent, créé par les Grecs catholiques du mont Liban, m'offrit une occasion trop belle pour la laisser échapper. Je partis avec ce frère et un domestique arabe qui devait nous servir de guide; notre départ fut retardé de quelques heures par des circonstances indépendantes de notre volonté; le frère voulait le remettre au lendemain, parce que nous aurions à marcher pendant deux heures de nuit. Tout étant préparé, je lui proposai de partir, disant: Nous aurons la lune pour nous éclairer. Nous traversâmes la plaine de Beyrouth, vers le sud-est, et après deux petites heures de marche, nous nous trouvâmes au pied des montagnes. A notre droite était la grande plaine d'oliviers que nous avions traversée pour aller à Seide, dans notre voyage de Jérusalem. Cette plaine est terminée vers la mer par des collines de sable rouge qu'on ne voit que là sur toute la côte de Syrie. Ce sable rouge indique aux marins la rade de Beyrouth, et ce point de reconnaissance ne peut les tromper. Le soleil faisait briller ce sable doré et contraster agréablement avec le vert sombre de l'olivier. A notre gauche était le joli village de Baabdab; des maisons éparpillées sur la colline, entourées d'arbres variés, présentaient un air d'aisance et d'élégance qu'on ne voit pas dans les villes. On les aurait prises pour des maisons de campagne appartenant toutes à des habitans aisés. De Baabdab, nous commençâmes à monter rapidement, et passant d'une colline inférieure à une autre plus élevée, nous finîmes, après environ quatre heures, par avoir atteint le point culminant. Les premières collines sont parsemées d'oliviers, de figuiers, de mûriers et d'autres arbres; de grandes et belles maisons se trouvent sur quelques unes d'elles et sont généralement placées dans des sites agréables. On voit descendre dans différens endroits, du milieu de la verdure et des fleurs, de petits ruisseaux qui se cachent parfois pour reparaître ensuite; tantôt ils coulent dans un lit uni, tantôt ils forment de petites cascades; de loin paraissent comme immobiles et réfléchissent la lumière du soleil comme de l'argent poli. Dans la région plus élevée, les maisons, les arbres et les ruisseaux disparaissent; on ne voit plus, en regardant de bas en haut, que des pierres nues, sans qu'on puisse y découvrir la moindre herbe ; tout paraît sans culture et stérile. Si des pensées étrangères à l'aspect des lieux vous ont occupé pendant le chemin, et que, parvenu au sommet, vous examiniez de nouveau ces pays que vous avez parcourus, vous êtes tout étonné, en plongeant vos regards jusqu'au bas des vallons, de voir qu'un immense pré tapisse les flancs de ces montagnes où vous n'aviez vu que des pierres; toutes ont disparu sous la verdure comme par un coup de baguette.

Cette stérilité apparente, qu'on observe d'en bas, est causée par de petites murailles bâties les unes au dessus des autres, de deux à trois pieds d'élévation, qui se couvrent entièrement ; tandis que d'en haut vous n'apercevez plus que la terre que ces murailles soutiennent. A l'époque où je passai, cette terre était couverte de blé et d'orge levés depuis quelques semaines et dans leur première verdure. Cet aspect changera quand l'orge et le blé, qui sont les seules productions que j'aie reconnues, au lieu d'un pied de hauteur auront acquis leur maturité; il changera plus encore quand la récolte sera faite. Alors la sécheresse de l'été aura rendu la terre aride et nue comme les pierres. L'œil ne pourra plus alors se reposer agréablement qu'au bas de ces montagnes sur les coteaux moins élevés.

Ces montagnes, qui sont celles où les sources manquent, sont les moins nombreuses ; les autres, par une verdure continuelle, compensent avec usure la tristesse de celles-ci. Nous avions monté environ trois heures quand nous rencontrâmes l'évêque grec d'Aïntress', le protecteur du collége des Jésuites, par les soins duquel il a été érigé ; il venait à nous à cheval, précédé de deux domestiques. Nous nous arrêtâmes pour le saluer ; il nous apprit qu'il se rendait à l'enterrement du patriarche grec, mort depuis quelques jours. J'avais beaucoup entendu parler de ce patriarche à Antoura. Une attaque d'apoplexie avait privé ce vénérable vieillard de l'usage de ses membres ; sa tête s'était conservée saine. Depuis quelques années il vivait presque seul, lui, chef de l'église grecque catholique de Syrie, n'ayant que le plus strict nécessaire. Pendant ces longues années d'épreuves pas un mot d'accusation n'est sorti de sa bouche contre son troupeau, sur l'abandon dans lequel il laissait son premier pasteur, pas un murmure ne s'est trouvé sur ses lèvres. Il était résigné et soumis à la Providence, comme un enfant obéissant est soumis aux ordres d'un père de l'amour duquel il est assuré. L'évêque nous annonça que son retour à Aïntress' ne serait pas aussi prompt qu'il le désirait, parce qu'il croyait qu'on procéderait sans retard à l'élection du successeur du patriarche. Pour faire cette élection tous les évêques se réunissent dans un lieu qu'ils désignent avec les principaux d'entre le peuple de leur rit ; le choix se fait à la majorité des voix ; les membres présens dressent un procès-verbal de l'élection, et l'envoient à Rome pour recevoir l'approbation du pape. L'approbation obtenue, on installe le nouveau dignitaire, qui entre alors tout de suite en fonction.

D'après ce que j'ai appris des Grecs, dans ce voyage,

les chances favorables de l'élection étaient pour l'évêque d'Aïntress', qui paraissait près de nous se soucier fort peu du patriarchat, et prouvait presque trop à mon avis son indifférence pour la croire tout à faire sincère. Il n'y avait pas long-temps que nous l'avions quitté quand nous nous aperçûmes que le jour baissait; des nuages cachaient la lune sur laquelle nous avions compté; nous marchâmes tant bien que mal jusqu'à l'entrée d'un bois de sapins qui se trouve à l'autre côté de la chaîne des montagnes que nous venions de traverser. Nous étions encore à environ deux heures de notre destination. Le domestique qui nous accompagnait avait pris le devant sans rien dire. A peine engagés d'une demi-heure dans ce bois, que, devant prendre un chemin à gauche, la nuit qui était survenue nous empêcha de découvrir le véritable; nous nous aperçûmes bientôt de notre erreur; nous revînmes sur nos pas; mais, malgré toute notre attention, nous ne pûmes découvrir la bonne voie; nous errâmes là environ deux heures au milieu des précipices, dans des sentiers rapides, risquant à tout moment de nous casser le cou. Enfin le frère me pria de tenir son cheval, en me disant qu'il allait faire à pied des recherches qu'il était dangereux de continuer montés ainsi que nous l'étions. Je pris la bride de sa monture, je m'enveloppai exactement de mon manteau, et prenant le mal en patience, je marmottai quelques chansons entre mes dents comme l'on fait quand sa position est ennuyeuse et qu'on ne peut ni ne veut s'en prendre à personne. Je n'entendais plus les pas du frère, ni rien autour de moi qui pût m'indiquer sa présence, quand du côté opposé je vis dans l'ombre un homme descendre de la montagne. Je l'appelai en arabe ; il s'approcha pour me parler ; mais comme j'étais au bout de mon latin ou plutôt de mon arabe, je me mis à lui parler français ; il me regarda la bouche béante, ouvrant de grands yeux, et finit par me dire quelque chose que je ne compris pas plus qu'il ne m'avait compris. Cet homme devait trouver ma position très singulière ; étranger, seul, au milieu de la nuit, sans rien comprendre au langage du pays, enveloppé de mon manteau, à moitié couché sur mon cheval, planté là sans témoigner ni désir ni volonté de changer de place. Cela m'expliquait ce regard ébahi qu'il fixait sur moi. Le plus fâcheux de tout cela c'est qu'il allait partir ; j'avais bien su lui dire : venez, en arabe ; mais je ne savais pas lui dire, restez. Je crus alors devoir continuer à lui parler français. Je pensais que, puisque je parlais, il devait croire que je ne voulais pas encore qu'il s'en allât. En effet, aussitôt que je lui adressai la parole il s'arrêta, tourna la tête et se mit aussi à me parler. Heureusement pendant tout ce manége j'entendis dans le lointain les pas du frère qui faisait toujours des recherches infructueuses. Je l'appelai ; il fut bientôt près de moi ; il put expliquer notre embarras, et demander les renseignemens dont nous avions besoin. Il fit mieux, il prit l'homme pour nous conduire. De cette manière nous ne fûmes pas obligés de coucher au pied d'un arbre, et de passer la nuit à la belle étoile. Nous trouvâmes le chemin à quarante pas environ de l'endroit où j'étais arrêté, et nous avions au moins passé quatre fois devant lui sans le reconnaître. Nous descendîmes le reste de la montagne vers le ruisseau dont le bruit avait toujours frappé notre oreille pendant nos recherches pour découvrir le sentier qui y conduisait. Des quartiers de rocs éboulés encombraient son approche, et son lit en était parsemé. Ces pierres nous servirent de pont pour le traverser, pont fort glissant et fort dangereux pendant la nuit quand on le traverse seul, plus dangereux encore quand, comme nous, on a un cheval à conduire en laisse. Ce ruisseau se jette un peu plus loin dans le Tamour, près du pont de Dahr el Kamar. Ce passage effectué non sans peine, nous montâmes vers Aïntress' à travers une forêt de pins, et après trois quarts d'heure de chemin fait en tâtonnant nous entrâmes au collége. Les pères furent fort surpris de nous voir, car ils ne nous attendaient plus aussi tard. Près de l'endroit où nous traversâmes la petite rivière est un khan où le domestique qui nous servait de guide avait été tranquillement se reposer et fumer le narguillet. Il se montrait tout étonné de ce que nous arrivions si tard. Si jamais de ma vie j'eus le désir de faire une verte réprimande à quelqu'un c'était bien dans cette circonstance ; cependant je n'en fis rien ; car cet homme ne comprenait que l'arabe, et moi je n'aurais pu le gronder qu'en français, et je ne trouve rien de plus contrariant que de dépenser sa colère en pure perte. Je pris donc patience jusqu'au bout.

Les bons pères nous firent préparer à la hâte un souper dont nous avions bien besoin, après les aventures de la journée. Ce soir notre conversation ne fut pas très longue; nous remîmes au lendemain tout ce que nous avions à nous dire. Le lendemain le temps était beau, et nous permit d'examiner à notre aise Aïntress' et ses environs. Le collége des Jésuites, situé sur une colline très agréable, domine la vallée du Tamour. C'est un bâtiment carré renfermant une cour intérieure; il n'est élevé que d'un étage, au dessus duquel on compte plus tard en élever un autre. En dehors à côté du couvent est un beau divan en pierre ombragé par trois grands arbres. En jetant les yeux à l'ouest nous aperçûmes le ruisseau et les montagnes que nous avions traversées et parcourues la veille. Ces montagnes sont parsemées de villages druses qui paraissent moins soignés que les villages chrétiens. On reconnaît facilement leurs habitans au costume. Les hommes ont le turban blanc, petit et façonné d'une manière toute particulière. Celui des chrétiens est ordinairement bleu ou noir, et d'une autre forme. Leur habit de dessus est fait d'une étoffe à larges raies noires et blanches. Les femmes ont le voile blanc, mais n'ont pas le mouchoir de couleur des femmes chrétiennes; elles cachent leur figure avec ce long voile, laissant un seul œil à découvert; cet œil isolé au milieu de cette figure blanche fait un effet bizarre; les bords des paupières sont peints en noir. A la première vue cela vous fait l'effet d'un œil contusé; mais plus tard on voit comment cela peut plaire, en ajoutant, quand la peinture est faite avec soin, à la vivacité et au pénétrant du regard. Toutes les femmes indistinctement se peignent les yeux en noir ou en bleu, et les ongles en jaune.

Les Druses ont le regard rusé, et même un peu féroce, et leur caractère répond assez à leur physionomie. Les Maronites au contraire ont un air de simplicité, la figure plus unie, plus ouverte, et cependant avec cette simplicité enfantine sur beaucoup de points, il n'existe pas mal de ruse, surtout pour tout ce qui a rapport à l'intérêt pécuniaire. Portant mes regards un peu vers le sud j'aperçus à mes pieds les pins d'Aïntress' et le ruisseau que nous avions traversé. Au delà était le bois de sapins dans lequel nous avions tant erré. Au sud-est, la vallée dans laquelle coule le Tamour se déroulait à mes regards; ce point de vue, terminé par la mer, est magnifique; le pont de Dahr el Kamar et le moulin qui se trouve à côté commencent le paysage que les courbes des montagnes liées les unes aux autres conduisent jusqu'à la mer. Ces montagnes, couvertes de villages, d'arbres variés et nuancées de diverses couleurs, présentent un des plus beaux sites du Liban. Au midi, sont les montagnes de la rive droite du Tamour, situées plus près de la source de cette rivière que celles du sud-ouest. Derrière elles se trouvait la ville de Dahr el Kamar et le château du Btedyn. Au nord et à l'est la vue est bornée par la montagne d'Aïntress' et le village de ce nom. Sur ces montagnes qui vous environnent vous voyez sur quelques unes d'elles à leurs flancs, sur d'autres à leurs sommets, une série de rochers à pic de cinquante à soixante pieds de haut qui sortent de terre par groupes, absolument semblables à de vieilles murailles qui entourent une forteresse que le temps a pelée et noircie. A côté du chemin que j'avais parcouru la veille j'avais remarqué sur le sommet circonscrit d'une colline un groupe de ces rochers dont les extrémités déchirées présentaient une multitude d'aiguilles irrégulièrement brisées. Ces débris de la nature auraient pu être pris pour les restes d'un vieux château gothique avec ses tourelles en ruine. Je passai la journée à contempler ces beautés et à m'entretenir avec le père Planchet, qui, au milieu d'une causerie aimable, me les faisait voir et admirer. J'ai trouvé toujours chez les Jésuites beaucoup de piété, de savoir et d'indulgence pour les misères de l'homme. Ce que je leur reprocherais, si j'avais des reproches à leur faire, ce serait d'avoir une trop haute idée de leur ordre; ce serait de se croire nécessaires à la religïon, et de rendre par là cette religion moins grande et moins sublime; de former une famille trop distincte dans la grande famille chrétienne, et de placer en quelque sorte leur orgueil dans leur institut, quand, pour un chrétien, il ne devrait se trouver nulle part. Mais où trouvera-t-on des institutions faites par les hommes où rien d'humain ne vienne se mêler? Vers le soir nous allâmes rendre une visite au jeune scheik du village; il était absent; nous ne trouvâmes dans son château que sa mère et ses trois sœurs, qui étaient assises au fond de l'appartement. Un voile de mousseline brodée couvrait leur tête, mais laissait voir leurs figures fraîches et unies; les paupières demi-baissées donnaient à ces visages un air de candeur et de calme admirables. Ces fleurs modestes s'étaient épanouies dans cette demeure, loin des orages de notre vie de société; elles avaient conservé ce velouté de l'innocence et de la paix que nos frivoles relations font disparaître si vite. Les figures de ces vierges de la montagne sont si suaves! aucune ride, aucune contraction n'altère leurs traits, l'émotion chez elles ne s'exprime que par un peu plus ou moins de rougeur, et l'on ne peut même deviner si cette rougeur est causée par l'embarras ou le plaisir. Nous restâmes une partie de la soirée dans cette douce société. Le calme de ces âmes se réfléchissait sur ce qui les entourait, et je jouissais d'une paix et d'une tranquillité que je n'avais pas encore goûtées dans mon voyage.

Le 29 de bon matin nous nous disposâmes à visiter Dahr el Kamar et Btedyn. Le temps était couvert et menaçait de pluie; on nous rassura et nous partîmes. Nous descendîmes la montagne d'Aïntress', traversâmes le bois de pins qui est au dessous du couvent, et passâmes le ruisseau que nous avions tant cherché lors de notre arrivée. Nous gagnâmes les montagnes de la rive droite du Tamour par dessus le pont de Dahr el Kamar. Montant parallèlement au cours de la rivière, à une hauteur déjà assez considérable, nous dépassâmes un village et une plantation d'oliviers. Pendant tout le temps que nous mîmes à monter nous pûmes jouir de la vue de la vallée du Tamour, qui se présentait à nous sous des aspects variés, mais toujours agréables. Arrivés au haut, et tournant le sommet escarpé de la montagne, nous

nous trouvâmes dans une plaine de figuiers; devant nous était Dahr el Kamar à quinze ou vingt minutes de distance. Une ondée très forte de pluie nous assaillit, et quoique nous pressassions notre marche elle nous inonda avant que nous pussions atteindre la ville. Nous nous arrêtâmes dans la maison d'un Grec catholique, négociant riche et père de dix enfans, cinq fils et cinq filles. Après un peu de repos nous allâmes visiter la ville. Il y reste encore debout quelques belles maisons; mais un grand nombre a été rasé pendant qu'Ibraham-pacha assiégeait Acre. A cette époque les Druses se révoltèrent contre leur émir, et se mirent sous les armes au nombre de sept mille hommes. Vaincus, le prince fit ordonner de raser leurs maisons, et les débris amoncelés nous présentaient Dahr el Kamar comme une ville en ruine. Après avoir visité le bazar, qui n'est pas fort beau, nous partîmes pour aller à Btedyn, château de l'émir Béchir. Quittant la ville, nous descendîmes jusqu'à un ruisseau; puis, remontant environ un quart-d'heure, nous vîmes Btedyn sur le haut d'une colline. A droite, sur plusieurs autres, sont les habitations des enfans de l'émir. A les voir perchés chacun sur sa montagne, on dirait le nid d'un vieux faucon entouré de ses fauconneaux toujours prêts à montrer bec et serres à tous ceux qui voudraient venir les troubler.

Du reste, ces châteaux sont de véritables forteresses, et, excepté le canon qui manque, rien n'est négligé pour rendre leur abord difficile. Un chemin raide, peu large, y conduit, et on ne peut y entrer que par une seule porte ; tout est escarpé à l'entour des bâtimens et des cours : du côté où nous montâmes, cet escarpement à pic avait bien trente pieds de hauteur. De l'eau en abondance coulait de toutes parts ; la montagne est entièrement cultivée. Le génie de l'Europe ferait de cela un des lieux les plus délicieux du monde. La vallée qui se trouve entre Btedyn et Dahr el Kamar ne me paraissait pas aussi belle que celle du Tamour, mais la pluie qui tombait, ou le brouillard qui tenait sa place, nuisait à la vue et à l'appréciation de la beauté du site. Su cette hauteur, nous vîmes des nuages nager au dessous de nous et suivre les sinuosités de la vallée : ce spectacle, que je voyais pour la première fois, me fit un plaisir extrême ; dans les veillées du soir, pendant mon enfance, on m'avait souvent raconté que des soldats traversant les Alpes, dans nos guerres d'Italie, s'étaient trouvés ainsi au dessus des nuages. Dans ce temps, cette idée me frappait si vivement, je trouvais si beau d'être aussi haut placé, que rien ne paraissait plus merveilleux à mon imagination d'enfant qu'un homme dans cette position. Ces souvenirs se réveillèrent à la vue de ces nuages flottans entre les collines, et je suivais des yeux leur direction incertaine avec toute la joie que l'homme éprouve quand il sent renaître en lui une admiration et un enthousiasme déjà oubliés.

Le palais du prince, qu'il bâtit et rebâtit sans cesse, (tous les ans il démolit et reconstruit quelque chose) quoique irrégulier, n'est pas sans grandeur. Cet aspect oriental auquel nos yeux ne sont pas accoutumés est extrême ment eau. Ces bâtimens, cet ensemble où maîtres, serviteurs, animaux domestiques se trouvent logés et mêlés, est pittoresque. Dans ce château, une vaste cour est commune à tous, on y remarque bien un peu de confusion et de désordre, comme on en voit dans les foires en plein air, mais tout y est animé et plein de vie. Cette cour est un carré long et offre à droite les écuries, où une série d'arcades, placées sur leurs terrasses, forme un cloître dans lequel un grand nombre de chambres viennent s'ouvrir, comme dans les cloîtres des moines. A gauche de cette cour il n'y a pas de bâtiment, la vue peut planer sur le chemin qui du dehors conduit au château, et sur une immense étendue de pays; dans les bâtimens qui ferment la cour, à son entrée, les écuries des mulets sont à droite et les magasins d'approvisionnemens à gauche. Dans le fond, vis-à-vis de l'entrée, est le corps de logis principal; deux portes, grosses et solides, la séparent d'une petite cour intérieure qui est ornée d'un beau jet d'eau et d'un bassin en marbre; au delà de ce bassin, vis-à-vis de vous, à gauche, vous voyez la grande porte d'entrée de l'habitation du maître, et au milieu, au dessus d'un perron à double escalier, est une petite porte. Ces deux portes sont travaillées en dessins arabesques. L'intérieur du palais offre sur les murailles, sur les plafonds, une profusion d'ornemens en or et en peinture en semblables dessins, dont les couleurs très vives et très habilement mariées ensembles, flattent l'œil de toute manière quand il est placé à quelque distance; de près cette peinture ne fait plus le même plaisir, car elle est mal broyée et grossière. Le plancher est couvert de tapis et de divans. Les salles des bains méritent une attention particulière, tout y est en marbre et en mosaïque; elles sont composées de quatre à cinq pièces se succédant les unes aux autres, et chauffées à des degrés différens; dans l'une on vous déshabille, dans l'autre on vous frotte, plus loin on vous asperge, enfin on vous met dans le bain. Mais toujours vous allez d'un appartement moins chaud dans un plus chaud; vous suivez les mêmes degrés en sens inverse pour sortir, et vous n'êtes rendu à la température de l'air extérieur que peu à peu. Le devant de la cour intérieure présente quelques pièces très ornées, qui sont de la dépendance immédiate du corps de logis principal. La première porte d'entrée et celles qui séparent la grande cour de la cour intérieure sont garnies de fer et à l'épreuve des balles. L'homme qui commande dans cette maison commande également à tout le Liban, aux chrétiens, druses et méthoualis. Mais avant d'obtenir la possession tranquille de ce pouvoir il a été soumis à une série de vicissitudes dont je veux dire quelques mots.

(1) Orphelin de bonne heure, son oncle, l'émir Youssef, en prit le plus grand soin et l'attacha à sa personne, dès l'âge de sept ans. Plus tard, lui ayant reconnu de la capacité, il le fit entrer dans les affaires. D'Iedzer,

(1) Ces renseignemens sont extraits d'un manuscrit que M. Bianco, consul de Sardaigne à Beyrouth, a eu la bonté de me communiquer.

pacha d'Acre, successeur de Daher, depuis assez longtemps inquiétait et opprimait la montagne par des guerres fréquentes et des impôts. Une guerre ouverte se déclara en 1784 ; le jeune Béchir, âgé de vingt-un ans, fit alors ses premières armes. Après s'être emparé de la ville de Seyde, on la lui reprit au moment où il s'y trouvait enfermé ; cerné de tous côtés, il poussa son cheval vers la muraille et le fit sauter dans le fossé, pendant qu'on dirigeait sur lui une décharge de coups de fusil presqu'à bout portant. Heureusement il ne fut pas atteint, mais son cheval, en tombant de si haut, se tua ; lui se sauva. Par reconnaissance pour ce noble animal, qui avait perdu la vie en conservant celle de son maître, il le fit enlever et enterrer près de son château de Btedyn. Une paix provisoire s'établit entre son oncle et le pacha ; le jeune Béchir continua à prendre une très grande part aux affaires, et mit, par sa capacité, le bon ordre dans la vicieuse administration de l'émir Youssef. Il s'attacha beaucoup de personnes par son courage et son aménité, principalement le scheik Béchir, chef de la maison de Cantar. L'émir Youssef vivait dans une défiance continuelle vis-à-vis D'Iedzer pacha ; et ayant, par sa faute, excité le mécontentement de la montagne, il voulut se démettre du commandement. Voyant son jeune parent, qu'il aimait, en crédit, il l'engagea à aller à Acre solliciter la pelisse pour lui-même. Béchir refusa, alléguant, que s'il commandait, il serait obligé de faire la guerre à son oncle pour le chasser de la montagne ; que D'Iedzer, qui haïssait Youssef, l'exigerait, et qu'en outre la présence de Youssef dans le Liban y alimenterait constamment les partis. Youssef insista près de son neveu et promit de se retirer aussitôt que Béchir aurait obtenu le commandement. On attribue deux motifs à cette singulière détermination ; le premier était que, son neveu commandant, il n'avait pas de persécutions à craindre ; le second que, plus tard, il espérait, quand le souvenir de ses fautes se serait effacé, de pouvoir faire la guerre avec succès et de relever sa fortune, par les avanies dont il frapperait le parti vaincu. L'émir Béchir, sur les instances réitérées de son oncle, se rendit à Acre et obtint du pacha l'investiture du commandement du mont Liban. Il revint à son poste avec huit mille hommes du pacha et l'ordre de saisir l'émir Youssef, qu'il fit avertir sous main. Son oncle se retira dans le Kasravan ; il y réunit les débris de son parti, et opposa de la résistance pendant quelques mois. Regrettant alors la perte de son commandement, il fit offrir au pacha, par un homme dévoué, de lui payer un tribut plus fort que celui que payait l'émir Béchir. D'Iedzer qui aimait l'argent par dessus tout, et qui craignait l'union dans la montagne, écouta ces propositions, et les huit mille hommes qui étaient venus pour prendre Youssef ou le chasser, lui furent donnés pour chasser son neveu, qui, pour le moment, fut obligé de céder la place. L'année suivante, le jeune Béchir renchérit près du pacha sur les offres de son oncle et obtint de nouveau la pelisse. Youssef dépossédé se rendit à Acre pour intriguer en sa faveur et tourner la chance pour lui. Mais Béchir offrit au pacha

4000 bourses de 500 piastres, s'il voulait faire mourir son oncle. D'Iedzer était alors à Damas ; son ministre à Acre lui transmit la proposition, qui fut d'abord très agréable au pacha, qui donna ordre de pendre Youssef. Mais réfléchissant que l'ambition du neveu et de l'oncle était pour lui une source de revenus, il contremanda son ordre. Ce contre-ordre arriva trop tard, l'émir était pendu ; D'Iedzer, pour ne rien perdre, fit noyer son ministre d'Acre et sa famille, et confisqua leurs biens qui étaient très considérables, parce qu'il avait été trop promptement obéi. D'Iedzer ne put pardonner à l'émir Béchir ; il attribuait aux instances de celui-ci près de son ministre la mort de Youssef. Il est probable qu'il avait raison. Il dissimula cependant dans ce moment et engagea le prince à venir prendre lui-même l'investiture du commandement du Liban, à l'époque de la confirmation annuelle. Ce prince s'y rendit avec son ministre le scheik Béchir ; le pacha les arrêta, les mit en prison, les fit bâtonner et exigea pour leur rançon une somme considérable. L'émir Béchir était pauvre, il n'avait pas encore gouverné assez long-temps pour s'être enrichi : il ne put donc satisfaire à la demande du pacha. Son ministre y suppléa ; mais ne voulant pas, aux yeux du pacha, paraître riche, il engagea une veuve avec laquelle il était très lié, à venir faire des offres en son propre nom. Cette veuve sut si bien gagner les bonnes grâces de D'Iedzer, que la somme fut considérablement réduite, et que les prisonniers rentrèrent dans ses bonnes grâces. Pendant ce temps de captivité, le frère et le cousin de l'émir Youssef s'étaient emparés du pouvoir, et ce ne fut que quelque temps après, quand l'émir Abbets, prince druse de Solima, eut pris parti pour l'émir Béchir, que ce dernier parvint à reprendre le commandement. Le frère et le cousin de Youssef furent pris et étranglés. Après cette affaire l'émir Béchir se maria à une veuve très riche d'un émir turc, du village de Roussaya, qu'il avait fait tuer. Cette femme était comme lui de la famille Chab; elle était belle, mais plus âgée de dix-huit ans que son nonveau mari. Malgré cette différence d'âge, leur union a été heureuse. Elle se fit baptiser avant de l'épouser, et il n'y a pas long-temps qu'elle est morte. L'émir Béchir a pris depuis pour femme une fille très jeune. L'émir Youssef avait laissé trois enfans en bas âge : ces enfans en grandissant, poussés par deux hommes ambitieux, Giorgias Baz et son frère Abdallah, tramèrent une conspiration contre le prince. Elle éclata, et l'émir Béchir fut forcé de se sauver dans le Huran. Pendant la minorité des enfans de Youssef, avait eu lieu l'expédition française d'Égypte et la campagne de Syrie; le prince ne voulut pas joindre ses forces à celles de Bonaparte, malgré sa haine pour D'Iedzer et son amour pour la France. Il prévoyait que cette expédition ne serait qu'une affaire momentanée, que les Français se retireraient, et que lui et son peuple resteraient ensuite exposés à toute la colère des Turcs. L'issue a fait voir qu'il pensait juste.

Pendant sa retraite dans le Huran, il proposa de l'argent au pacha, qui se rendit médiateur entre lui et ses cousins, et fit un traité de partage. L'émir Béchir eut le pays des Druses, et les trois frères le Dgibbell et le Kasravan. Au bout de quelques années, les enfans de Youssef se soulevèrent encore et chassèrent de nouveau l'émir Béchir; il ne fut plus écouté cette fois-ci par le pacha d'Acre, et les trois frères prirent tout le commandement de la montagne.

Voyant toutes ses démarches infructueuses, il se rendit sur la flotte de sir Sidney Smith, qui le débarqua au bout de quelques mois à Alexandrie. Le pacha d'Égypte fut si touché de sa position qu'il lui promit toute sa protection, et le fit porter par sir Sidney à Saint-Jean-d'Acre, et somma D'Iedzer de faire droit au prince dépouillé. Le pacha d'Acre obéit, n'osant pas faire autrement; il fit rendre à l'émir la souveraineté de la partie du Liban dont on l'avait dépossédé. La paix dura pendant toute la vie de D'Iedzer; mais à l'arrivée de Soliman au pachalikat d'Acre, l'émir Béchir, croyant ou supposant que les trois frères tramaient une nouvelle attaque contre son pouvoir, de concert avec l'émir Hassem son frère aîné, résolut de se débarrasser une bonne fois de ceux qu'il regardait comme ses ennemis. Il appela près de lui, pour affaire de service, Giorgias Baz, le ministre des princes, et l'arrêta; Hassem fondit à l'improviste sur Dgibbell', se saisit d'Abdallah, l'autre ministre, et le fit exécuter. Giorgias Baz, apprenant cela, se jeta d'une fenêtre et mourut. On arrêta les trois princes qu'on conduisit à Dzong Michaël, où on leur creva les yeux, et on confisqua leurs biens. Après cette cruelle opération, le prince Béchir les renvoya chez eux avec une pension. Il fit arrêter de plus six des émirs les plus riches et les plus influens, et les fit poignarder dans son château de Dahr el Kamar. Après cette expédition, il partagea le commandement avec son frère l'émir Hassem, en se réservant l'autorité suprême. Peu après, son frère mourut; quelques uns croient qu'il le fit empoisonner dans la crainte que ce frère n'eût des projets ambitieux; d'autres assurent qu'il est mort naturellement. Quelques cantons de Dgibbell' Biscarra, de Dgibbell' et du Kasravan, à l'occasion d'avanies très fortes qui étaient imposées, s'insurgèrent, et l'émir Béchir ne leur laissa pas le temps de réunir leurs forces, il les battit. Lui et son lieutenant-général, le scheick Béchir, parcoururent les provinces, étranglant, avanisant toutes les personnes qui leur paraissaient suspectes, faisant payer les fils pour les fautes des pères, confisquant les biens, inspirant la crainte et la terreur partout. Après cette terrible exécution, personne dans la montagne n'osa plus lui résister. Il s'occupa ensuite à établir une police vigilante et active et à rendre une justice sévère.

Pendant qu'il régnait ainsi, un aga du pacha de Damas était venu sur ses terres lever des contributions en argent et en bestiaux. Il fut s'en plaindre vivement au pacha d'Acre, de qui la montagne dépend. Le pacha l'autorisa à faire la guerre au pacha de Damas, dans le cas où ce dernier ne lui donnerait pas satisfaction. N'ayant pu obtenir cette satisfaction, l'émir Béchir rassembla à la hâte 10,000 hommes, le scheik Béchir commandait sous ses ordres ; Abdallah, alors pacha d'Acre, lança un faux firman du grand-seigneur, qui déclarait déchu de son pachalikat le pacha de Damas. L'émir Béchir, croyant à la vérité du firman, entra en campagne, battit le pacha de Damas, marcha sur sa ville et faillit la prendre. Mais celui-ci avait demandé des secours aux pachas voisins et avait obtenu du grand-seigneur, en exposant les faits, un véritable firman de destitution et de mort contre Abdallah pacha et l'émir Béchir. Ce dernier, voyant par là que le firman contre le pacha de Damas était faux, et se trouvant trop compromis, se retira avec ses troupes dans la montagne, où il les licencia ; il vint ensuite avec une escorte pour s'embarquer à Beyrouth ; on ne le laissa pas entrer dans cette ville ; sa position devenait extrêmement critique. Il ne savait plus de quel côté porter ses pas, quand l'agent de France le tira d'embarras en le faisant embarquer sur un bâtiment de sa nation qui devait le conduire en Égypte. Ce bâtiment se rendit à un point convenu de la côte, entre Beyrouth et Seyde, envoya ses chaloupes à terre et prit l'émir et son escorte. Après son départ, le scheik Béchir et l'émir, frère du grand prince, changèrent de parti, abandonnèrent Abdallah, et joignirent leurs troupes à celles des pachas confédérés qui allaient faire le siége d'Acre. Ces deux hommes briguèrent dans la suite le commandement de la montagne, ce qui donna lieu à une espèce de guerre civile. Ce siége d'Acre, fait en 1822; n'eut aucun résultat; au bout d'un certain temps employé en tentatives infructueuses, il fut abandonné. Abdallah pacha et l'émir Béchir, par l'entremise du pacha d'Égypte, rentrèrent en grâce avec le sultan moyennant un certain nombre de bourses. Le prince rentra dans le Liban, et pour réparer l'épuisement de son trésor, causé par le paiement de sa rentrée en grâce, il ordonna de suite une avanie de 1000 bourses; craignant d'indisposer les habitans s'il faisait peser ce tribut sur la population entière, il le fit supporter par le scheik Béchir, son ancien ministre, qui refusa de payer et se retira dans le Huran, où il ne resta pas oisif. Il commença, dans cette espèce d'exil, à ourdir une conspiration contre le prince. Ayant pris ses mesures, il revint au bout de quelques mois dans son palais de Mortara, et fit goûter ses projets à l'émir Abbet et à deux frères de l'émir Béchir qui jusque-là étaient restés tranquilles. Le grand prince, averti de toutes ces menées qui tendaient à son renversement, les prévint. Il fit arrêter et conduire à Constantinople le scheik Béchir, où sa procédure fut instruite; condamné à être décapité et coupé par quartiers, la sentence fut exécutée à Damas.

Après cette exécution, au commencement de l'année 1824, les trois frères de l'émir Béchir, qui avaient trempé dans le complot du scheik Béchir, furent arrêtés par ordre de leur frère, qui leur fit couper la langue et crever les yeux. Il les relégua ensuite, avec leurs familles, dans des villages très éloignés les uns des autres, pour rompre les trop fréquentes communications entre eux, et les empêcher de se coaliser de nouveau. Quoiqu'on leur eût coupé la langue, cela ne les empêche pas maintenant de parler comme auparavant; mais leurs yeux crevés ne sont pas redevenus sensibles à la lumière. Après toutes ces cruelles exécutions, un long repos a suivi. La montagne a été tranquille jusqu'au moment où Ibrahim pacha a fait le dernier siége d'Acre. L'émir Béchir favorisait cette entreprise ; il s'était joint aux troupes du pacha d'Égypte, en souvenir peut-être de la protection et des secours qu'il en avait reçus dans sa mauvaise fortune, ou bien parce que le gouvernement du pacha promettait plus de sécurité aux chrétiens. A l'époque de cette guerre, les Druses se révoltèrent au nombre de 7000 hommes, ils furent battus et leurs maisons rasées. Pendant son règne, le prince a presque détruit ou considérablement diminué la puissance des scheiks des villages. Cette dignité avant lui était héréditaire, et on cite des familles qui gouvernent les mêmes communes depuis quatre cents ans. Ces scheiks font la police, punissent les délits et lèvent les contributions. Maintenant ils sont nommés par le prince et doivent tous les ans recevoir de ses mains une nouvelle investiture, ce qui pour eux est une dépense qui se renouvelle chaque année ; car, dans ce pays, on ne se présente jamais les mains vides devant son souverain. Par des avanies fortes et répétées, les ressources pécuniaires des familles les plus riches ont été détruites, et tout ce qui pouvait porter quelque ombrage a dû disparaître ; en même temps, toutes les places avantageuses ont été données à ses créatures. Le tribut que la montagne payait au pacha avant son gouvernement était de 300 bourses (500 piastres la bourse) : maintenant il est de 3000, et cela parce que l'émir Youssef et lui ont toujours été renchérissant l'un sur l'autre pendant leurs mutuelles prétentions. Cet argent est levé sur les habitans. Si vous ajoutez à cela les impôts que le prince lève pour lui, ceux que les scheiks encaissent à leur profit ; tous ces impôts réunis, sans les avanies particulières, font monter les charges au quart de la récolte. Aussi le pays est très malheureux, et les malédictions qu'on envoie au chef du gouvernement sont presque générales. Un peu de farine, de riz et quelques olives sont tout ce qu'il faut pour vivre au paysan maronite, et son travail ne le lui procure pas toujours. Le mobilier d'un montagnard consiste dans une natte, un coffre pour mettre ses effets, une marmite pour cuire son pilau, et, malgré sa sobriété et son peu de luxe, il est souvent obligé de recourir à la commisération publique. La population maronite du Liban est à peu près de 200,000 hommes. Les Druses et les Méthoualis, soumis au prince, sont les uns de 60,000, les autres de 9000 hommes; les catholiques grecs et syriaques, de 24,000. Ne sont pas compris dans ce nombre les femmes et les enfans. Cette appréciation est fort hasardée, car il est impossible de faire une évaluation exacte : nulle part on ne fait de dénombrement; tout ce peuple habite le Liban et une partie de l'Anti-Liban, sur une étendue d'environ trente-six à trente-huit lieues de long, dans la direction du nord au midi, c'est-à-dire, depuis la petite rivière du Nahr el Bird, située à trois lieues nord de Tripoli, jusqu'aux montagnes de Sour, et d'environ douze lieues de large de l'est à l'ouest, depuis le littoral de la mer jusqu'à la vallée du Beka. Les villages druses sont gouvernés par des scheiks druses, et les méthoualis par des chefs de leur religion. Ces Méthoualis sont des Turcs schismatiques de la secte d'Ali; ils portent une haine profonde et invétérée à tous les peuples qui ne sont pas de leur croyance, mais principalement aux Turcs de la secte d'Omar; ils habitent presque tous du côté de Sour. Les Druses sont à peu près idolâtres; un grand nombre n'ont aucune religion, l'autre partie est initiée à un culte mystérieux dans lequel plusieurs prétendent qu'ils adorent un veau. Ils demeurent dans les environs de Dahr el Kamar. Il existe encore dans la montagne une petite quantité d'Arabes Bédouins, qui changent de lieux selon les saisons, et quelques tribus de Bohémiens. Le prince actuel, avec toute sa famille, s'est fait chrétien; quelques branches cependant sont restées mahométanes. Comme ce changement de religion, qui leur était très favorable pour l'intérieur de la montagne, pouvait devenir très nuisible dans leurs rapports avec les Turcs, ils ont fait faire des chapelles particulières dans leurs palais et n'assistent jamais en public aux cérémonies du culte chrétien. Leurs femmes sont enfermées comme celles des Turcs, mais chaque prince n'en prend qu'une seule. Le prince actuel maintient une police sévère et exacte dans tout son gouvernement; on y voyage avec autant de sécurité qu'en France, et l'étranger qui serait maltraité obtiendrait prompte et éclatante justice. Toutes les causes se plaident par les parties; il n'y a ni avocats ni procureurs; l'exécution de la sentence suit de près le plaidoyer, et souvent elle a lieu sans appel. Cette manière de rendre la justice serait excellente, si on pouvait toujours rencontrer des juges intègres, que ni la crainte, ni l'intérêt n'influencent. Mais si, dans ce pays, on n'est pas mangé par les avocats, on peut souvent être croqué par les juges. Pour les chrétiens, les affaires civiles sont presque toutes jugées par des évêques établis *ad hoc*. Pour les Druses, c'est un chef druse qui est investi de ces fonctions. Dans ces matières, ils ont l'appel au prince. On a souvent porté en premier lieu l'affaire au scheik, qui juge sans frais comme une espèce d'arbitre. Les affaires de police et les délits sont jugés par les scheiks. Les crimes par le cadi et le prince. Dans l'application des peines, on ne suit aucune loi écrite; c'est d'après la coutume, la raison, quelquefois le caprice du juge, que cette application se fait. Le fond de toutes les punitions est l'amende; le reste est arbitraire. La bastonnade est fort en usage pour les délits. Je vais citer un exemple de cette puissance arbitraire d'infliger les peines. Un chrétien, condamné à la peine de mort, convaincu d'avoir assassiné son père, allait être mené au supplice (pour les crimes, on exécute immédiatement après la sentence), quand le prince ordonna qu'au lieu de le tuer on lui coupât les deux mains, et qu'on le laissât vivre, afin qu'il pût, ainsi mutilé, servir d'exemple à tous ceux devant lesquels il se présenterait et dans tous les lieux qu'il souillerait par sa présence. On ordonne les peines, on les modifie selon l'impression du moment; mais, dans tous les cas, le chapitre des considérations a une très grande influence.

Nous avions été reçus dans le château par le premier ministre du prince, qui est toujours son ministre des finances; il nous avait offert le café, marque ordinaire de politesse, et notre conversation sur la puissance, sur la générosité et la justice de son maître nous avait menés assez avant dans la journée; nous avions surtout pris garde de n'en dire que du bien. Nous quittâmes Btedyn pour revenir à Dahr el Kamar. Le mauvais temps et la nuit nous empêchèrent de retourner ce jour-là à Aïntress'; nous couchâmes chez le négociant grec où nous avions déjeûné. Dahr el Kamar, Dzong Michaël, dans le Kasravan, et Zaclé, dans la plaine de Baalbec, sont les trois endroits de la montagne où l'industrie est la plus active. A Dzong, le travail est plus perfectionné; c'est là qu'on fait les étoffes les plus fines; on y mélange fort ingénieusement l'or, l'argent, la soie et la laine; Dahr el Kamar suit Dzong de près pour la finesse et la richesse. A Zaclé, l'on travaille plus pour le commun. Toutes ces étoffes sont faites principalement pour les habits d'hommes. Dans la montagne, les classes industrielles sont celles qui sont les plus favorisées; elles ne paient aucune taxe, à moins que les individus fabricans ne soient propriétaires. Ils ne sont non plus soumis à aucune avanie; ce qui rend cette branche de la population assez florissante et beaucoup plus à l'aise que la classe des propriétaires; aussi, dans la maison où nous logions, qui était celle d'un des principaux négocians du pays, il y avait beaucoup plus de luxe que dans les maisons des scheiks les plus distingués que j'avais eu occasion de voir. Je remarquai dans la chambre où je couchais jusqu'à trois pendules d'Europe ; de plus, une collection de tasses, de verres, de caraffes et de plateaux en porcelaine et en cristal très recherchée. Nous mangeâmes à table avec des fourchettes d'argent, et la dame du logis vint prendre part au dîner, chose inouïe dans la montagne parmi la classe propriétaire. Pour tout dire, elle ne vint se mettre à table que parce que les étrangers qu'elle recevait étaient Francs. S'ils eussent été Arabes ou Turcs, elle n'aurait pas paru. Le 30, je quittai Dahr el Kamar et je retournai directement à Beyrouth, sans repasser par Aïntress', afin de raccourcir mon chemin de deux lieues. Je fis mes adieux à mon compagnon de voyage, au père Planchet, près du pont de Dahr el Kamar. Il prit à droite, vers son collége, et moi je gravis la montagne sur laquelle j'avais manqué de passer la nuit trois jours auparavant. Je reconnus parfaitement les divers endroits, au milieu des sapins, où nous avions quitté et repris la grande route. Je m'étonnais comme quoi nous n'avions pas trouvé le chemin que j'apercevais si bien alors. Je continuai lentement mon voyage, en examinant à loisir ce que je n'avais pu voir en arrivant. Au sortir de ce bois de pins, dont je me souviendrai longtemps, je continuai à monter ; il n'y avait plus aucune plantation ; la montagne était labourée et semée de grains. On doit venir de bien loin pour cultiver cette terre et rentrer les moissons ; car on n'aperçoit aucun village, ni aucune habitation dans le voisinage. Quand on réfléchit que semences et fruits doivent être portés à dos, on est étonné du travail qu'un tel labour occasione. Enfin, arrivé au haut de la chaîne, et après avoir marché quelque temps sur un plateau, je descendis vers Bayrouth; bientôt j'atteignis ces collines plus basses qui sont plantées de figuiers, d'oliviers et de mille autres arbres. C'est tout une autre vie et un autre aspect; le chemin est moins brut, le pays plus habité; on se retrouve plus gai et plus content au milieu de cette culture riante. La tenue sévère des montagnes élevées avait rempli l'âme de pensées graves et anxieuses; la mélancolie qui pesait sur elle se trouvait tout-à-coup dissipée. La beauté du temps me faisait mieux admirer la beauté du paysage, et la variété des sites était plus admirable qu'à mon premier passage. Au milieu de ces pensées gracieuses et douces, j'arrivai près de Baabdab; ce village me paraissait plus joli que trois jours auparavant. Enfin, pour la dernière fois, j'allais traverser la plaine des pins, cette plaine où j'avais été me promener si souvent pendant mon séjour à Bayrouth. En songeant que bientôt la mer et une grande étendue de terre me sépareraient de ces lieux que mes yeux ne verraient probablement plus jamais, que je quittais pour toujours ces ombrages et toutes ces belles montagnes où j'avais souvent et si doucement rêvé à ma patrie et à tout ce que j'aime, je ne pouvais leur faire mes adieux sans tristesse; c'étaient des amis que je quittais, des amis qui avaient connu toutes les pensées de mon cœur, et qui avaient abreuvé d'une douce et suave consolation les jours de mon pélerinage. Dans ce dernier moment, j'y étais plus attaché que jamais, ou plutôt ce n'était qu'alors que j'appréciais tous les bienfaits que j'en avais reçus. Je leur fis mes derniers adieux avant d'arriver à ma demeure que je trouvai vide. Les voyageurs de Damas et de Baalbec n'étaient pas de retour; trois jours après, nous fûmes tous réunis. J'appris de leur bouche combien pour eux avait été fatigante cette excursion, que les Arabes mêmes craignent d'entreprendre dans cette saison.

---

# XXIX

## Voyage de Bayrouth aux Cèdres par Tripoli et Éden.

Avant de s'embarquer définitivement pour quitter la Syrie, M. de Lamartine voulut aller voir les vieux cèdres du Liban. Nous partîmes tous le vendredi-saint pour ce voyage. Le temps était très mauvais, et au lieu d'arriver à D'Gibell, comme nous l'avions pensé, nous fûmes obligés de passer la nuit à D'Jœni. Nous y arrivâmes extrêmement mouillés, après cinq heures de marche. Côtoyant la mer, nous traversâmes le pont du Nahr-el-Kelb sans pouvoir apprécier cette vue pittoresque ni en jouir; la pluie qui tombait par torrens ôtait tout le bonheur que le beau chemin que nous parcourions aurait pu nous offrir. Nous nous arrêtâmes au khan de D'Jœni. Ces khans, ou auberges du pays, qui contiennent des écuries pour les chevaux et quelques chambres pour les voyageurs, varient beaucoup par leur grandeur. J'ai remarqué que sur cette route, qui est plus fréquentée que celle de Jérusalem, ils sont beaucoup plus grands et un peu mieux soignés que ceux que nous avions vus en allant en Terre Sainte. On y vend de l'orge, de la paille et du café. Chaque village est obligé d'avoir un de ces khans pour loger les étrangers; sans quoi, quand des voyageurs se présentent, l'autorité locale désigne une maison, et le maître est forcé de leur faire place. En Turquie, tout individu a droit à un abri pendant la nuit; aussi on en trouve presque partout où l'on est reçu sans frais. Quand le scheik d'un village en fait élever un de ses deniers, les habitans lui en paient le loyer. L'hospitalité est regardée comme une obligation pour tous et devient une charge commune. Des hommes pieux ont construit de ces asiles dans les lieux déserts, loin de toute habitation et de tout secours, afin que le voyageur pût avoir une retraite sûre là où il n'aurait pu trouver un cœur ami pour lui en offrir. Dans d'autres lieux, des riches et des puissans en ont fait bâtir pour obtenir le pardon de leurs exactions et de leurs rapines; l'orgueil même a mis de la somptuosité dans quelques uns de ces bâtimens. Le lendemain, le temps, quoique incertain, fut plus beau. Nous continuâmes à suivre le bord de la mer en côtoyant les montagnes du Kasravan. Toutes ces montagnes sont très peuplées et très cultivées; les points de vue varient sans cesse; la population est toute catholique. Nous aperçûmes sur notre passage D'Zoug-Michaël près d'Antoura, les habitations des patriarches, Laryssa, Gousta, Gazir, etc. La vue de Gousta n'est pas telle, aperçue de la mer, que de Cousta même; les collines qui se trouvent sur les premiers plans sont beaucoup plus en évidence en les regardant d'en bas ; tandis que d'en haut elles s'effacent et se confondent avec la plaine. Aussi, quoique cette vue soit parfaitement belle, on ne remarque plus cet amphithéâtre si immense, si régulier, qui fait un si prodigieux effet quand on est sur la montagne. Entre D'Jœni et D'Gibell, nous traversâmes le Nahr-Ibrahim (l'ancien Adonis). Cette rivière semble encore, après un orage, apporter à la mer du sang au lieu d'eau, en mémoire du meurtre de ce dieu de la fable. Cette couleur de l'eau dépend des terres rouges que les torrens entraînent ; elle se conserve souvent à plus d'une lieue en mer, et établit une séparation tranchante avec les eaux bleues ou vertes de la Méditerranée. Les courans de la mer dans cette partie ont lieu du sud au nord ; c'est dans cette direction que les eaux coloriées du fleuve sont portées. Nous arrivâmes bientôt à D'Gibell, ancienne Byblos, situé à neuf heures de marche de Bayrouth. Cette ville a été long-temps la principale ville du mont Liban, celle par où le commerce de la montagne débouchait avec l'étranger. Il s'y trouve des débris de colonnes qui annoncent une occupation romaine. L'église qui y existe et qui est desservie par des Maronites, est la plus grande que j'aie vue sur cette côte et dans la montagne ; elle paraît dater du temps des croisades. D'Gibell a droit à une illustration plus ancienne ; il est regardé comme une des villes bâties par Caïn, quand il s'éloigna de la demeure de son frère, après le meurtre d'Abel. Une enceinte de murailles mal entretenues l'entoure, un grand château domine la ville, et l'intérieur est rempli moitié d'habitations debout et moitié de ruines. C'est dans ce château que l'émir Béchir fit crever les yeux à ses parens, la première fois qu'il employa ce cruel supplice.

Nous nous arrêtâmes un instant dans un beau khan qui s'y trouve, et continuant à côtoyer la mer, après environ cinq heures de marche nous arrivâmes à Batroen. Batroen n'offre aucun vestige ancien, c'est un amas de petites maisons pauvres, mais d'origine récente. Un seul pan de muraille debout, d'un bâtiment qui paraît avoir été une église, est tout ce qu'on voit d'antérieur aux masures qui existent. Ici, pas de ces vieilles ruines si communes en Syrie. Une ville, selon la tradition, a été bâtie sur ce lieu par Cham, fils de Noé. Ces vieilles traditions qui vous font remonter à l'origine du monde, plaisent singulièrement à l'imagination et y font une impression profonde. Cette terre paraît si vénérable, ce sol si sacré, qu'on est tenté de se prosterner dans la poussière, pour l'embrasser plus étroitement et se confondre davantage avec le passé. Si une critique sévère doute que tel fait a dû exister précisément dans tel lieu, toutes les traditions, toutes les écritures, tous les vestiges que le temps n'a pas pu effacer sont là, pour attester que c'est dans ce pays, sur cette terre, que ces merveilles ont dû exister, que ces prodiges ont dû s'opérer. Vous marchez environné de tout ce que l'antiquité peut offrir de plus reculé et de plus extraordinaire. Que de méditations à faire sur cette longue succession d'hommes et de choses! Toutes ont fait du bruit dans leur saison, toutes ont eu de l'importance dans ce monde, et le temps, de sa faux assurée et égale, les a réduits en herbe desséchée et aride. Vous voyez peut-être devant vous voltiger, sous l'influence du plus petit souffle de vent, la poussière de celui qui se roidissait contre les plus forts orages, et confondues dans la boue de la mare voisine, les cendres de ceux qui s'enorgueillissaient de leur beauté ou de leur puissance. Les constructions qui paraissaient devoir être éternelles et celles qui ne devaient servir d'abri que pour un jour, le maître qui ne baissait le front devant personne et l'esclave réduit à obéir à ses moindres caprices, se trouvent ici mêlés dans une même poussière et dans un même oubli.

Le lendemain était le jour de Pâques; nous entendîmes la messe dans l'église maronite; elle fut célébrée par un prêtre de ce rit : cette église, toute voûtée, est propre et blanche, chose assez rare dans ce pays où les églises sont souvent entretenues avec peu de soin. Le prêtre nous offrit sa maison, mais nous étions déjà installés dans le khan; nous promîmes de profiter de son offre lors de notre retour. A deux lieues de Batroen est un cap, nommé cap Madona, à cause d'un couvent grec, dédié à la sainte Vierge, placé sur le flanc de la montagne qui regarde Tripoli. Avant d'arriver à ce cap, nous quittâmes le rivage de la mer pour nous enfoncer dans une vallée extrêmement agréable, bien cultivée, plantée de mûriers et d'oliviers. Nous traversâmes sur un pont la rivière qui y coule à l'endroit où la vallée se trouve très rétrécie. Près de là nous découvrîmes un petit château, perché en l'air, bâti sur une roche isolée, et qui semble jeté tout exprès au milieu de cette terre végétale, pour servir de piédestal à une petite forteresse. Pour monter à l'habitation, on a maçonné l'escalier contre le rocher. Celui-ci était trop escarpé pour qu'on ait pu y pratiquer des marches. Parvenus au fond de la vallée, nous grimpâmes sur une montagne très rapide, composée de pierre calcaire et de terre glaise. La montée en est très difficile dans le temps des pluies; les pieds des chevaux y glissent et n'ont aucun appui ferme. De cet endroit nous aperçûmes toute la vallée que nous venions de parcourir, la rivière qui serpentait au milieu d'elle, la végétation fraîche et forte qui la couvrait, et la mer qui était à son extrémité opposée. Elle ressemblait par sa forme à une calebasse dont le petit évasement était du côté des montagnes et le grand du côté de la mer. A l'entrée de l'étranglement qui sépare les deux ventres est le château dont j'ai parlé. Nous traversâmes la montagne et nous descendîmes dans une autre vallée qui n'était pas, à beaucoup près, aussi belle que la précédente. Cette vallée nous conduisit de nouveau vers le rivage de la mer, de l'autre côté du cap Madona. Nous vîmes alors le couvent grec qui a donné son nom au promontoire. Cette montagne, que nous venions de passer, a beaucoup d'analogie avec le mont Carmel. De là on est encore à trois grandes heures de Tripoli. En sortant de la vallée nous vîmes bouillonner, à peu de distance de la mer, deux belles sources, qui sont là sans utilité, tandis que j'ai vu tant de lieux arides où elles auraient été si précieuses. Plus loin, un village entouré de jardins, d'orangers et de grenadiers, distrait agréablement l'esprit de la longueur et de la solitude de la route, et redonne la patience nécessaire pour atteindre Tripoli. Nous arrivâmes enfin dans Tripoli, que les Arabes appellent Trablousse. Cette ville, située non loin de la mer, est couverte au levant par des collines qui ne vous permettent de la voir qu'au moment où vous y atteignez. Quand vous arrivez comme nous par le bord de la mer, vous l'apercevez de plus loin. La ville est liée au port, appelé la Marine, par une plaine d'une demi-lieue de long toute couverte de jardins. Tripoli est la plus jolie des villes de Syrie; mais en fait de villes, on n'est pas difficile quand on a parcouru le Levant. Le Nahr Kadischa la traverse ; du côté où cette rivière y entre, la promenade est très agréable, son lit est encaissé, mais enveloppé de verdure ; un couvent de derviches termine le point de vue d'une manière très remarquable. La pointe de terre qui s'avance dans la mer et qui conduit à la Marine est toute couverte d'orangers, de citroniers et de grenadiers ; du côté nord de la ville, les jardins s'étendent jusqu'à deux lieues et demie de distance. Les oranges de Tripoli sont grandes et bonnes ; il y en a en abondance. Ce sont les plus belles et les plus parfumées de toute la Syrie ; elles prétendent même disputer la primauté à celles de Jaffa. Nous passâmes la nuit dans la ville et nous partîmes le lendemain pour Eden, éloigné de huit heures de marche. Tout en sortant nous montâmes rapidement pendant un quart d'heure, jusque sur un plateau qui forme une grande plaine, dont une partie est rocailleuse et sans culture, l'autre ensemencée et plantée d'oliviers. Nous continuâmes notre voyage, laissant les plantations à notre droite. Après cinq quarts d'heure environ nous traversâmes à gué le Nahr Kadischa. Ses eaux rapides nous obligèrent, dans le trajet, de prendre une direction oblique pour mieux couper le courant. Trois quarts d'heure après ce passage, nous nous trouvâmes au milieu d'oliviers et à côté de Sgorta. Ces plantations d'oliviers s'étendent, presque sans interruption, pendant quatre heures, depuis Tripoli jusque bien avant dans les montagnes. Sgorta est un grand village qui n'est habité que pendant l'hiver; les habitans d'Eden quittent, dans cette saison rigoureuse, leur région trop froide et leur terre couverte de neige. Ils viennent se réfugier dans un pays plus bas. A Sgorta ils cultivent des jardins, élèvent des vers à soie, puis retournent, après leurs récoltes faites, dans les montagnes élevées, avant que les chaleurs de l'été aient rendu le terrain de Sgorta malsain. Arrivés à Eden ils retrouvent un printemps beaucoup moins avancé et soignent leurs champs de grains, semés avant leur départ. Cette manière de vivre est peu commune; on ne voit pas fréquemment des villages entiers avoir des maisons d'été et des maisons d'hiver. Tout une population peut bien, à l'arrivée des chaleurs, quitter les lieux brûlés qu'elle habite, pour chercher un séjour plus frais; mais alors les émigrans n'ont qu'une habitation volante, qu'un abri passager. Ici, au contraire, les maisons sont aussi bien conditionnées et meublées dans un endroit que dans l'autre.

Avant de quitter la plaine, nous traversâmes de nouveau le Kadischa, ou au moins une de ses branches, et nous suivîmes alors à peu près le cours de cette rivière, et, de colline en colline, nous arrivâmes jusqu'au pied des hautes montagnes. Cette rivière, que nous côtoyâmes, est presque partout accompagnée d'un petit canal latéral, couvert de lauriers-roses. Ce canal est fait pour ménager des chutes d'eau qui font tourner des moulins; aussi vous le voyez finir et recommencer à plusieurs reprises. Sur une de ces collines et dans une très belle exposition, est située la maison de campagne du gouverneur actuel de la citadelle de Tripoli. Un torrent nous séparait encore des hautes montagnes, de ces montagnes où l'olivier n'existe plus, que l'hiver, chaque année, couvre de neige, et que la grande chaleur de l'été ne brûle jamais. Nous traversâmes ce torrent, nous gravîmes alors une montagne rapide et rocailleuse, pendant environ deux heures. Nous joignîmes le ruisseau d'Eden et nous y arrivâmes une heure après, par un chemin plus doux et plus uni. Là, tout était encore triste, nulle végétation ne se laissait voir, à peine on pouvait remarquer quelques bourgeons sur les beaux et nombreux noyers parsemés dans le village; quelques violettes et primevères, la petite marguerite des prés ornaient seules les champs. Des tas de neige gissaient au côté nord des maisons; les montagnes voisines étaient encore couvertes de leur manteau blanc d'hiver, et des sources nombreuses en découlaient. Certainement Eden, avec ses maisons désertes et son aspect nu, n'offrait rien qui pût justifier son nom. Mais en examinant la disposition des montagnes et des vallons, les bois, les champs cultivés ou disposés à la culture, on peut croire qu'au milieu de l'été, quand la végétation sera dans toute sa beauté, qu'une douce fraîcheur vous enveloppera de tous côtés, tandis que tout brûlera dans la plaine, alors ce lieu doit mériter le nom de Paradis terrestre que les habitans lui ont donné. Le scheik Boutrous Karam nous avait accompagnés depuis Sgorta où il réside l'hiver avec sa famille; c'était dans sa maison que nous fûmes reçus à Eden, et c'est certainement l'Arabe le plus Européen que j'aie vu dans tout le pays. Chez lui nous dînions à table, avec des services d'argent, des verres, des chaises; lui-même avait un air de dignité très convenable, une conversation simple et réservée : tel devait être le seigneur d'un vieux manoir au moyen âge, veillant tour à tour sur son nombreux domestique et les travaux des champs avec tout le soin, toute l'autorité et la douceur d'un père; exerçant une hospitalité noble et désintéressée avec l'étranger qu'il recevait sous son toit. C'est dans cette maison que ma course devait se borner; les montagnes plus hautes étant encore couvertes de neige, ne me permirent pas d'aller aux vieux cèdres, but du voyage. Je ne vis pas non plus ni la vallée Kadischa, ni Mar Elyschah, ni Mar Antonio, ni Canubin, ces lieux célèbres du Liban, qui furent le berceau des maronites et sont encore le centre de leur religion. Là, aucun profane n'habite, tout y est chrétien et chrétien catholique. Il n'y a pas encore longtemps qu'un missionnaire anglo-américain, de la société biblique (M. Bird), établi à Bayrouth, entreprit un voyage dans ces montagnes; arrivé à Eden, il fut reconnu et poursuivi; il se réfugia dans une maison; on en défit la terrasse et on l'accabla d'injures et de quelque chose de pis. Le pauvre homme tout effrayé demanda en grâce qu'on voulût bien lui procurer un moucre avec un mulet pour quitter de suite la montagne, qu'il payerait tout ce qu'on demanderait. Un des assistans, plus raisonnable que les autres, essaya de calmer ce peuple, l'engagea à accorder la demande du missionnaire, puisqu'il voulait s'en aller sur-le-champ. On y consentit; le difficile était de trouver un homme qui, ne connaissant pas la religion de M. Bird, voulût bien louer la bête. On trouva cet homme qui demanda cinquante piastres pour faire ce voyage, somme énorme pour le pays; elle fut allouée de suite, le missionnaire partit, et, après quelques heures de marche, son conducteur rencontra un de ses camarades qui reconnut celui qui montait la mule. Qui conduis-tu là? lui dit-il. Ne sais-tu pas que c'est un excommunié; qu'il arrivera malheur à toi, à ta famille, à la bête pour une pareille action. Là-dessus le moucre ordonna à M. Bird de descendre. Celui-ci pour conjurer l'orage et engager son conducteur à le mener à sa destination, offrit de lui payer les cinquante piastres sur-le-champ, et promit en outre le batchi à son arrivée. Tout fut refusé par le montagnard, qui ne voulut pas toucher une obole dans la crainte que cet argent ne lui portât malheur. Pour qui connaît l'avidité des Arabes, ce refus est caractéristique. Depuis l'établissement de ces missionnaires anglo-américains dans le Liban, il est dangereux pour les Anglais, qui se font connaître pour tels, de voyager seuls dans cette partie de la montagne, non pas que leur vie soit en danger, mais ils n'y trouvent aucun secours et sont exposés à mille avanies; tandis que les voyageurs des autres nations reçoivent partout aide et hospitalité. Parmi les maronites, les Français jouissent de la considération la plus distinguée. Je crois que cela est dû à la protection que la France a accordée en tout temps au catholicisme dans ce pays; les habitans ont mis en quelque sorte leur culte et leurs personnes sous sa sauvegarde.

Nous séjournâmes deux jours chez le scheik Boutrous, au bout desquels nous retournâmes à Tripoli, en descendant avec difficulté ces montagnes que nous avions gravies avec effort. Nous traversâmes des nuages de brouillard et de pluie, et bien nous prit d'être descendus ce jour-là, le lendemain toutes ces montagnes étaient couvertes de neige; il en était tombé une quantité considérable pendant la nuit qui suivit notre départ. Nous restâmes un jour à Tripoli où l'unique religieux qui se trouvait dans le couvent des Pères de la Terre-Sainte, fit servir un dîner à M. de Lamartine, auquel il avait invité tout ce que la ville et le port offraient de plus distingué.

## XXX

### La maison du Curé et Retour à Bayrouth par Antoura.

Le samedi après Pâques nous partîmes pour Batroen. Cette fois, au lieu d'aller loger au khan, nous acceptâmes l'hospitalité que le curé nous avait offerte lors de notre passage, huit jours auparavant. En arrivant, on nous introduisit dans une maison assez vaste, mais aussi simple que celle du commun des Arabes ; la femme et les enfans du curé se déplacèrent et se retirèrent tous dans une petite chambre, pour laisser la grande à notre disposition. Nous n'étions séparés d'eux que par un mur qui ne montait qu'à la moitié de la hauteur de l'étage. Une ouverture de porte, à laquelle jamais porte n'avait été adaptée, établissait une communication entre la famille et nous. Malgré que j'avais l'habitude de voir des prêtres mariés, cependant la vue de cet intérieur m'étonnait encore. Le soir, quand l'hospitalier curé vint nous tenir compagnie, je lui demandai s'il y avait d'autres prêtres catholiques que les maronites, qui étaient mariés. Il me dit qu'il était permis, dans tous les rites de l'église d'orient, aux hommes mariés de se faire prêtres sans être dans l'obligation de quitter leurs femmes. Qu'ainsi les Grecs, les Syriaques, les Arméniens, etc., étaient dans ce cas. Que, seulement, on ne pouvait pas se marier étant prêtre; qu'il était défendu à celui qui n'avait jamais eu de femme, et à celui qui devenait veuf, de contracter un pareil engagement; que même les prêtres mariés ne pouvaient devenir ni évêques, ni patriarches. Il m'apprit en outre que le clergé et le peuple choisissaient les évêques, que le patriarche confirmait; que les évêques, à leur tour, choisissaient le patriarche, qui recevait sa confirmation du pape. J'ai observé que partout, dans la montagne, le clergé participe à l'ignorance et à la simplicité du commun des fidèles; il n'y a peut-être pas quatre prêtres dans le Liban en état de prêcher. Ils disent leurs offices en langue syriaque, mais écrite en arabe, ne font pas le catéchisme aux enfans et ne donnent aucune instruction ni aux grands ni aux petits. Ils disent simplement la messe et administrent les sacremens. Excepté pour leur messe, ils ne reçoivent aucune rétribution. On ne sait pas là ce que c'est que le casuel, les bienfaits que l'Église dispense aux fidèles ne sont pas tarifés, par conséquent tous sont égaux, riches et pauvres ont les mêmes prières, les mêmes chants et les mêmes cérémonies. Tous sont traités indistinctement comme les enfans d'une même mère à qui une part égale est due dans l'héritage commun. Cette simplicité et cette égalité de l'Église primitive me touchaient vivement, je trouvais admirable que dans la maison de Dieu on ne donnât aucun prétexte à la vanité de se faire jour, et qu'on n'y reconnût ni distinction de rang, ni distinction de fortune. Les prêtres vivent du produit de leur messe qu'on peut évaluer à une piastre par jour, ce qui équivaut à six sous, des dons que les fidèles apportent dans certains jours de l'année, et souvent de quelques terres attachées à l'église du lieu. Ces terres le prêtre les cultive et les fait valoir lui-même. L'instruction aux enfans est donnée par les maîtres d'école, qui leur apprennent à réciter les prières et les principaux articles de foi, en même temps que l'écriture et la lecture. Les hommes sachant lire et écrire sont plus communs que parmi nous. Quand les enfans se croient suffisamment instruits en religion, ils se présentent au prêtre pour être admis à la communion. Celui-ci les examine, les admet ou les recule selon qu'il le juge convenable. Il est ainsi comme un dépositaire des bienfaits célestes qui ne les donne qu'à ceux qui viennent les réclamer, mais qui ne va pas, comme le bon pasteur, chercher la brebis égarée pour la ramener au bercail; il ne repousse cependant pas celles qui reviennent. La communion des fidèles, comme dans l'église romaine, ne se fait que sous une espèce; il en est de même pour les autres rites de l'église d'orient, excepté pour les Grecs qui communient sous les deux espèces.

Depuis quelque temps il s'est formé dans la montagne un collége maronite. Les jésuites essayent également d'y former des établissemens; les lazaristes, de leur côté, ont conçu des projets qu'ils sont à la veille d'exécuter; il est probable que cette émulation générale amènera une lutte favorable à la civilisation et à la liberté. La seule imprimerie arabe qui existe dans le pays est établie dans un couvent de moines chrétiens. On sent partout une tendance vers une instruction plus étendue, les classes supérieures commencent à en voir la nécessité, et il ne serait pas étonnant que cet élan se maintenant ne produisît un changement notable dans tout le Liban. Partout où des prêtres latins s'établissent dans la montagne, le peuple a en eux plus de confiance que dans ses propres prêtres, et, quand ils savent suffisamment l'arabe, c'est presque toujours à eux que le peuple s'adresse pour la confession. Comme ils sont plus instruits, ils savent donner de meilleurs conseils et mieux diriger ceux qui les consultent. Un zèle et une charité plus grande les animent, et ces vertus les rendent plus chers aux chrétiens. Les seuls prêtres du pays qui jouissent de quelque considération et qui aient quelque influence, ce sont les évêques; aussi ce n'est qu'à ceux-là que le malheureux s'adresse quand il a besoin de secours et d'appui.

Nous quittâmes le curé et sa femme le matin après la messe, et ce jour-là, de bonne heure, nous nous rendîmes à D'Gibell. Le lendemain lundi nous arrivâmes à Antoura, en passant par D'Zoug Michaël, petite ville pleine d'activité et de vie, où l'on fabrique les habayes les plus fins et les plus riches de la montagne. De là, nous allâmes visiter l'habitation qu'a fait bâtir monseigneur Losanna, délégué du pape. Cette habitation, peu grande, est assez élégante, mais surtout avantageusement placée pour charmer la vue. D'un côté, on voit la mer par D'Joeni, et de l'autre par Bayrouth. Cette mer, avec son immense horizon, placée au bout de ces belles vallées, termine le paysage d'une manière ravissante. Sur un autre point, des montagnes boisées et cultivées, couronnées de beaux monastères, présentent un horizon plus borné et contrastent agréablementavec la vue de la mer.

Le lendemain, 16 avril, nous séjournâmes à Antoura; nous parcourûmes ses environs; la nature était alors dans toute sa beauté, les points de vue variaient à chaque instant et chaque variation apportait un charme nouveau; nous parcourûmes un bois de sapins, situé à l'est du couvent, et arrivés au sommet de la montagne nous nous reposâmes sous son ombre, examinant au loin Bayrouth et sa rade. Plus près de nous, nous plongions sur la vallée du Nahr el Kelb. On nous apprit qu'à quelque distance de là était l'origine de ce fleuve. Une grotte noire et profonde lui sert de berceau, d'où il sort quand il se fait voir au jour. Les voyageurs vont visiter cette source comme une chose très curieuse; ils prennent avec eux des lumières pour parcourir les sinuosités de cette grotte. Nous, nous restâmes à contempler les merveilles que nous avions devant les yeux, sans même sentir le désir d'augmenter nos jouissances par la vue de choses nouvelles.

Je causais intimement avec ces hôtes qui m'avaient déjà reçu autrefois ; maintenant, l'adieu que je leur ferai sera éternel ; mais en revanche je vais revoir la France ; je vais revoir mes foyers dont l'image se retrace toujours de plus en plus vive à mes yeux. Que ces excellens prêtres devaient désirer de partager ce bonheur ! Qu'un tel départ sans eux doit leur être amer ! et quel nouveau sujet de combats et de victoires remportées sur eux-mêmes ! Je n'osais presque pas laisser voir toute la joie de mon cœur, de crainte de les attrister davantage. Certainement Dieu leur donnera la force nécessaire pour supporter leur exil jusqu'au bout ; car il est l'œil de l'aveugle, l'appui du boiteux et le soutien de tous les faibles. Ah ! qui n'est faible dans cette vie ! Je fis à ces respectables frères toutes les offres de services possibles. J'étais si heureux de voir à l'ancre, sur cette rade de Bayrouth que nous devions quitter bientôt, le bâtiment qui allait nous en éloigner, que j'aurais voulu donner du bonheur à tout le monde. Peut-être moi, qui les croyais affligés, étais-je le sujet de leur méditation. Peut-être me plaignaient-ils dans leur intérieur de voir que, comme un enfant, j'avais placé toute ma joie dans une chose incertaine, fragile, dans une bulle de savon que l'aile d'une mouche peut détruire, et que je ne songeais pas assez à mettre tout mon amour dans celui-là seul qui ne passe pas. Je ne pensais pas alors à faire un pareil retour sur moi-même ; le bâtiment, qui ondulait sur les vagues, retenu, comme contre son gré, par l'ancre inflexible, et les cordes qui devaient déplier les voiles et les livrer au vent, concentraient toute mon affection. L'ouragan même, qui m'eût poussé plus vite, eût été le bienvenu. Nous revînmes au couvent après nous être rassasiés de ces points de vue, qui avaient affecté probablement chacun de nous d'une manière différente. Le lendemain matin, 17 avril, notre caravane se mit en marche et arriva à Bayrouth d'assez bonne heure. Les trois jours qui suivirent furent employés à préparer notre embarquement. Nous reçûmes et nous fîmes des visites d'adieux, en regrettant de rompre les liaisons que nous avions eu le temps de contracter et qui avaient embelli notre séjour dans ces pays lointains.

---

# XXXI

**Embarquement pour Jaffa. Retour à Chypre et à Rhodes.**

Le 20 avril nous nous embarquâmes sur le brick la *Bonne-Sophie* de Marseille, capitaine Coulonne. Aussi long-temps que nous pûmes voir les collines et les vallons que nous venions de quitter, nous n'en détachâmes pas les yeux. Jusqu'à Jaffa, notre navigation fut heureuse. Nous y prîmes le mouillage trente-six heures après notre départ de Bayrouth. Le 22, nous descendîmes à terre pour aller visiter encore une fois Jérusalem avant notre départ définitif de la Terre-Sainte. M. de Lamartine resta à Jaffa ; madame de Lamartine et nous, nous partîmes ce jour-là même pour Ramhla. Tout le long de la route nous rencontrâmes de nombreux pélerins grecs et cophtes venant d'assister à la célébration de la Pâque à Jérusalem. La variété des figures et des costumes était grande ; les uns voyageaient à pied, d'autres étaient montés sur des chameaux ou des ânes ; nous vîmes des groupes composés de familles entières, depuis l'aïeul qui avait besoin d'un bâton pour soutenir ses membres affaiblis, jusqu'à l'enfant à qui son père ou un frère plus âgé donnait la main. Des femmes emmenant avec elles des enfans à la mamelle, étaient montées sur des chameaux, assises sur un peu de paille, dans des espèces de cages à claire voie découvertes par dessus. Leurs jambes pendaient à travers les barreaux. L'animal portait ainsi une cage à chaque flanc; entre deux, sur son dos, était assis le conducteur. Presque tous ces voyageurs portaient avec eux des rameaux de palmiers et un grand étui en fer-blanc, qui contenait une chandelle, au moins de la grosseur du bras, peinte en différentes couleurs. Cette chandelle et ces rameaux étaient des souvenirs pieux qui devaient rappeler leur pélerinage pour tout le reste de leur vie.

Le 23, nous partîmes de Ramhla. Nous déjeunâmes à Jérémie. Ab-Ougoz vint nous visiter sous l'arbre où nous étions campés, et il y fit apporter le café. Quand il sut qu'après notre retour de Jérusalem nous allions partir pour Alexandrie, il pria madame de Lamartine de faire parler à Mehemet-Ali en faveur de son frère. Il paraît que le pacha d'Égypte, instruit du mauvais vouloir à son égard d'Ab-Ougoz et des siens, avait fait prendre en ôtage un des frères du chef arabe et plusieurs scheiks influens, pour s'assurer par là l'obéissance des autres. Madame de Lamartine le promit, ce qui parut faire beaucoup de plaisir à tous les Arabes qui étaient présens. Nous arrivâmes ce soir-là à Jérusalem d'assez bonne heure. Le lendemain, nous commençâmes par nous rendre au Saint-

Sépulcre. Cette fois-ci, je pus saisir dans son ensemble cette réunion de bâtimens; mon esprit n'était plus aussi profondément absorbé des mystères dont ces lieux avaient été témoins; ma tête, affaiblie par ma maladie, ne pouvait plus nourrir avec la même force les pensées qui l'occupaient. Je regrettais mes premières impressions et ma première ferveur. Pour ne pas trouver le même mécompte, à l'aspect des autres lieux, je me suis abstenu de les voir. J'aurais cru les profaner en n'y apportant que la tiédeur et la langueur dont j'étais accablé et que je ne pouvais secouer. Je me suis contenté de prier et de supplier Dieu de recevoir avec bonté ma prière froide et inanimée. Que l'homme est différent de lui-même! Qu'il est peu de chose par ses propres forces! Un moment, et son ardeur, son amour, sa vivacité, le mettront en quelque sorte avec Dieu, face à face; aucun mystère ne sera impénétrable à sa foi; et le moment d'après, ce même homme, qui vivait déjà dans le ciel, ne peut plus détacher ses regards de la terre; il faudra que, pour parler à Dieu, il ait devant lui une image, au delà de laquelle son esprit ne peut presque plus aller. Pourquoi tant de grandeur et tant de misère? Mais ce pourquoi, ce n'est pas à un chrétien à le faire; lui seul le sait, et toute autre sagesse vient se confondre devant un tel mystère.

Le 24, nous nous rendîmes à Bethléem. Le vent froid et violent qui régnait ne nous permit pas de nous réchauffer, malgré le soin que nous prîmes de nous envelopper de nos manteaux. Nous songeâmes à ce que notre bâtiment pouvait devenir, pendant ce vent, sur une aussi mauvaise rade que celle de Jaffa. Nous apprîmes à notre retour que ce jour-là il avait eu son câble coupé et avait presque été jeté à la côte. Les 26 et 27, nous retournâmes vers Jaffa. Nous nous embarquâmes de suite, et fîmes voile vers le soir pour Alexandrie. Ce jour-là et le lendemain, le vent fut favorable; mais le 29 un vent d'ouest très violent nous barra le passage d'Égypte, et, forçant de marcher au nord, nous mena en vue de Chypre. L'impossibilité d'avancer, et la grosse mer qui nous avait rendu tous malades, firent prendre la résolution de relâcher à Larnaca. Là, M. de Lamartine abandonna le voyage d'Égypte, pour prendre directement la voie de Constantinople. Dans toute autre disposition d'esprit, j'aurais vu renoncer à ce voyage avec quelque regret; j'aurais voulu voguer sur ce Nil, qui est encore le Nil des Pharaons où fut exposé Moïse; parcourir cette terre de Gessen, autrefois habitée par les enfans de Jacob; et cette Égypte n'aurait-elle pas encore été pour moi l'Égypte des Sésostris et des Ptolomée? Mais maintenant, qu'une seule idée me dominait, l'idée du retour, que mes forces ne revenaient que sous cette influence, un voyage en Égypte eût été sans charmes. Le Nil n'aurait été pour moi que de l'eau qui coule entre deux rives; les pyramides, des pierres posées les unes sur les autres.

J'éprouvais donc de la satisfaction, sachant que nous allions revoir cette Europe que nous avions quittée depuis bientôt neuf mois. Nous mouillâmes à Larnaca jusqu'au 4. Le vent, pendant tout ce temps, continua à être violent. La nuit du 4 au 5, nous partîmes pour Rhodes; les vents contraires et les calmes nous retinrent cinq jours en vue de Chypre. Nous regrettâmes de ne pouvoir aller visiter, pendant ce temps que nous perdions en mer, les ruines de Paphos et d'Amathonte, qui étaient à peu de distance de nous. Enfin, notre bâtiment dépassa le golfe de Satalie et de Castel-Rosso, celui de Macri et de Marmoritza, et nous arrivâmes le 15 au matin à Rhódes. Nous n'avons pas pu juger de la beauté et de la fertilité de la Karamanie, qu'on vante beaucoup; nous aperçûmes différens plans de montagnes, dont les plus hautes étaient couvertes de neige et les plus rapprochées arides. Elles paraissaient peu habitées; nous n'avons vu que dans quelques endroits de rares traces de culture. Rhodes fut revu par nous avec plaisir; nous examinâmes les dehors, qui sont plus beaux que l'intérieur; des maisons nombreuses, ayant chacune un jardin entouré de murailles et planté de beaux arbres, font une ceinture agréable à cette ville où tout est triste et délabré. Le 16, jour de l'Ascension, nous entendîmes la messe dans ce couvent des capucins qui m'avait causé tant d'émotion l'année dernière.

Le 18, nous levâmes l'ancre pour regagner l'Archipel, laissant la Natolie et l'île Symia à droite. Poussant à gauche, en vue des îles Karki, Piscopia et Niciro, nous doublâmes le cap Crio, ayant devant nous Cos. Le 20, nous en examinâmes les côtes, qui n'offraient que peu de verdure au côté nord; mais, arrivés en vue de la ville, le spectacle changea; une plaine très grande, bornée, dans l'intérieur de l'île, par des montagnes qui forment un amphithéâtre, et près de nous par la mer, se développait devant nous. Cette plaine se terminait de deux côtés par deux pointes de terre basses, avançant dans la mer, et simulant les cornes d'un croissant. Sur la corne de droite sont des moulins armés de dix ailes; au delà, la plaine s'étend à perte de vue. La ville se trouve au milieu de ce croissant. On peut jeter l'ancre presque contre les maisons. A droite de cette ville sont des fortifications assez imposantes pour des fortifications turques. Toute la plaine est couverte de maisons de campagne entourées de grands jardins. J'aurais voulu descendre dans l'île pour jouir de cette belle nature et pour aller examiner le fameux platane de Cos, que dix hommes ne peuvent embrasser et dont les branches sont soutenues par des colonnes de pierre. J'aurais voulu descendre surtout pour m'informer si aucun souvenir d'Hippocrate, si aucune tradition sur ce grand homme ne survivaient dans cette île où il est né. Probablement les habitans n'auraient pas su ce que je voulais leur dire; ils auraient peut-être cru que je parlais de quelque pacha turc, en parlant de l'homme qui a illustré leur île. Le peuple est presque toujours d'une telle ignorance que, même ailleurs que dans l'Archipel grec, il commettrait de pareilles méprises. Cette île s'appelle aujourd'hui Stanchio.

Le 20, nous laissâmes à notre droite Calimnos, île presque entièrement stérile. Notre pilote nous dit qu'une ville se trouvait au côté opposé de la montagne, qu'elle était habitée par des pêcheurs d'éponges qui vont passer l'été sur les côtes de Syrie, laissant leurs femmes et leurs enfans seuls pendant toute cette saison; de sorte que l'île alors n'est peuplée que de femmes et d'enfans. Très près de là et sur la même ligne est l'île de Lero, plus aride que Calimnos, mais remarquable par son eau. Le sultan et le pacha d'Egypte font venir de cette île toute l'eau qu'ils boivent. Ces deux ennemis viennent s'abreuver aux mêmes sources, et leur haine n'en est pas moins grande. Après, vient Lipso, plus à gauche : nous aperçûmes Pathmos, lieu d'exil de l'évangéliste saint Jean. Dans l'après-midi, nous doublâmes huit à dix petites îles, placées les unes à côté des autres, séparées par de petits bras de mer. Ces îles, toutes vertes, offraient un coup d'œil très agréable et faisaient l'effet d'un superbe jardin anglais. Les canaux formés de ces eaux de la mer dessinaient un labyrinthe. Si les arbres n'y eussent manqué, ce lieu eût été un des plus délicieux qu'on pût trouver. A quelques lieues de là, au nord, est l'île de Samos, patrie de Pythagore. Vers le soir, la bordée nous porta vers le grand Bogaz, entre Samos et les îles Fourni. Le vent faiblissant et les courans contraires nous firent faire très peu de chemin; ce ne fut que le 22 à midi que nous parvînmes à franchir ce passage. L'île de Samos offrait sur ce point des forêts de pins, des plantations d'oliviers et de caroubiers; les îles Fourni, à gauche, étaient stériles. Un peu au delà était l'île Nicaria, autrefois Icaria, nommée ainsi à cause du naufrage d'Icare, fils de Dédale, qui eut lieu entre ces rochers après sa fuite de Crète (Candie). Nous continuâmes ce jour-là notre marche jusque vers l'île de Chio. Le 23, de très bonne heure, un vent du nord violent venant à se manifester, nous mouillâmes à Tchesmé. Nous aurions mieux aimé mouiller à Chio ; mais les bâtimens ne peuvent entrer dans le port qui est comblé, et la rade ne nous mettait pas à l'abri du vent du nord. Chio est regardée comme la plus belle île, la fleur de l'Archipel. Elle fait un très grand commerce de fruits, de vins et d'une eau-de-vie particulière qu'on appelle mastic de Chio. On la fabrique en faisant dissoudre la gomme mastic, qui croît dans l'île, dans de l'eau-de-vie ordinaire. L'hiver dernier lui a été funeste. On estime qu'il y a eu des arbres gelés pour un capital de dix millions. C'est une triste chose que de voir ces beaux arbres poussant par-ci par-là un maigre jet de verdure au milieu de tant de branches mortes. Nous rencontrâmes presque dans tout cet Archipel des arbres ainsi dépouillés.

---

# XXXII

**Tchesmé, Smyrne et les Dardanelles.**

Tchesmé, bâti près de l'ancienne Erythrée, dont on trouve les ruines à quelques lieues de là, se présente sous la forme d'un grand carré long, séparé en deux parties par une forteresse. D'un côté habitent les Turcs, de l'autre côté les Grecs. Cette ville a été presque entièrement détruite lors de la victoire remportée par le comte Orloff sur les Turcs, vers l'an 1770. La ville grecque a été de nouveau renversée pendant la dernière insurrection des Hellènes ; maintenant tout est presque entièrement rebâti. L'église, dont il n'était pas resté pierre sur pierre, est rétablie. C'est sans contredit la plus belle que j'aie vue après l'église grecque de Jérusalem. Les campagnes des environs offrent peu d'ombrage ; mais en revanche la terre est fertile et les champs bien cultivés, surtout en vignes : ce qui fait que cet hiver n'a pas été aussi funeste au territoire de Tchesmé qu'à ceux où l'on cultive l'olivier presque exclusivement, la vigne n'ayant pas souffert. Le commerce, monopolisé dans les mains de quelques maisons grecques, consiste principalement en raisins secs. A une lieue et demie à peu près vers l'est, au bord d'un golfe, jaillissent des sources minérales chaudes, dont les eaux sont très salées. Nous y prîmes des bains. Les bâtimens qui couvrent ces sources et les bassins qui les reçoivent sont peu soignés et peu propres, mais l'eau en est très belle. Nous restâmes à Tchesmé le 24 à cause du vent. La ville a une population d'environ 10,000 âmes, dont 8000 Grecs et le reste Turcs. Il n'y a dans la cité qu'un seul catholique, c'est le consul d'Autriche. Les Grecs sont très riches ; ils font à eux seuls tout le commerce et l'exploitent avantageusement. Un étranger ne peut venir acheter directement des gens du pays les raisins secs ou autres produits que les environs fournissent ; il faut nécessairement qu'il passe par leurs mains. Le temps ayant molli, nous mîmes à la voile le 26 au matin, jour de la Pentecôte ; la brise fut assez favorable ; nous doublâmes le cap Kari-Bournou et entrâmes dans le golfe de Smyrne. Le 27, au matin, nous étions au travers des îles Dourlack. Nous aperçûmes à notre droite la flotte française, commandée par l'amiral Hugon, qui était mouillée dans la baie de Vourla. Nous poussâmes outre, laissant à notre gauche des salines et à notre droite des côtes très vertes et très agréables. Mais près de Smyrne cet aspect changea. Le terrain y devint nu et aride ; les hauteurs derrière la ville étaient sans grâce ; la ville même, avec ses toits de tuile, n'offrait aux yeux qu'un aspect bâtard. Ce n'était plus du Levant et ce n'était pas encore de l'Europe. Cependant, quand on prend terre et qu'on parcourt le pays, on y trouve quelques sites agréables et originaux. Ainsi, après avoir dépassé la belle caserne qui se trouve à droite de la ville et avoir rejoint à peu près le cimetière juif, on aperçoit là une portion de la ville turque placée en amphithéâtre et couronnée par un bois de cyprès. Ce coup d'œil a quelque chose de grave et de mélancolique; cette impression ne diminue pas quand, arrivé en haut, on parcourt, au milieu des accidens variés du terrain, un bois sombre peuplé de tombeaux turcs. Sur le point le plus élevé, derrière Smyrne, sont les débris d'un vieux fort. Dans la ville on voit encore les grandes tours et les hautes murailles crénelées d'un ancien château bâti par les chevaliers de Rhodes. Les bazars sont très nombreux et très riches, et il y existe un mouvement considérable. Le ruisseau le Mélèse, près duquel est né Homère, coule encore, mais ne porte plus à la mer qu'une eau salie par les immondices d'une grande cité. Avant d'y arriver, ce ruisseau parcourt quelques sites romantiques et son eau est limpide. A deux lieues nord-est de Smyrne, est le village de Bournaba, où la plupart des négocians ont des maisons de campagne; ils y vont secouer les affaires et se divertir. Je n'ai pas rencontré à Smyrne, qu'on appelle le Paris de l'Orient, le plaisir que je m'y promettais. Je n'y ai trouvé que des individus occupés d'affaires ou de politique, mais d'une politique étroite et mesquine qui se résout en bénéfice et en perte, ce qui est encore une affaire.

Des hommes renfermés dans un tel cercle de pensées n'ont de plaisir et de jouissance qu'en rapport avec ces mêmes pensées, des plaisirs tout matériels que l'argent peut procurer et peut satisfaire. J'ai cependant rencontré une exception, et c'est M. Fauvel, ancien consul de France en Grèce, retiré à Smyrne, qui me l'a offerte. Cet homme, déjà vénérable par son âge, vit dans une modeste habitation, au milieu des débris de l'ancienne Grèce dont il s'est entouré, ayant à peine de quoi se nourrir convenablement. Il ne songe pas à la position plus brillante qu'il aurait, s'il avait plus aimé l'argent que les beaux-arts; il ne songe qu'à cette Grèce historique avec laquelle il s'est en quelque sorte identifié. Il vit dans les siècles passés, et chaque monument qu'il voit négliger ou détruire fait une blessure à son cœur d'antiquaire. Il se trouve par conséquent bien isolé dans cette grande ville; et si la mer ne lui apportait de temps en temps quelques amis de ses pensées, il n'aurait de joie qu'au milieu de ses bustes et de ses bas-reliefs.

Nous repartîmes de Smyrne le 30 au matin. Nous fîmes peu de chemin; le soir et le lendemain, nous restâmes à l'ancre auprès du château, à cause du mauvais temps. Le 2 juillet, l'après-dîner, au moment que nous étions hors du golfe, que nous allions passer entre Mitylen et le golfe Sanderlie, le ciel s'obscurcit; trois ou quatre orages se formaient de différens côtés, accompagnés de plusieurs trombes qui nous obligèrent à rebrousser chemin et à chercher un refuge dans le port de Folieri. Nous arrivâmes juste à temps pour y jeter l'ancre ; quelques minutes après, le vent se mit avec une telle violence dans le nord, que nous n'aurions pu y entrer. J'ai toujours pensé que dans mon voyage j'aurais pu donner une description d'une tempête sur mer d'après nature, mais cette fois je fus encore trompé. Des nuages noirs, sillonnés par des éclairs, volaient, tournoyaient et se heurtaient entre eux ; un vent épouvantable sifflait dans les cordages et faisait craquer les mâts par sa violence : tout cela faisait bien le dessus de la tempête ; mais le navire poussé dans des abîmes profonds, ou menacé par des montagnes liquides, l'effroi des passagers et de l'équipage, la sensation tremblante du péril, tout cela n'y était pas. Ainsi la moitié inférieure de la tempête manquait ; et j'avoue en avoir assez vu pour n'en pas souhaiter davantage. J'éprouvais un frisson de plaisir de me sentir en sûreté au milieu de cet épouvantable chaos où je n'apercevais d'autre lumière que celle des éclairs qui perçaient ces épaisses ténèbres, et aussi de me trouver à l'abri de ces torrens de pluie qui inondaient le pont.

Le lendemain, 3 juillet, nous fûmes tout étonnés de voir, dans un coin du beau bassin arrondi où nous étions, une petite ville s'avançant dans la mer, et derrière elle une campagne charmante circonscrite par une ligne de montagnes. Des oliviers couverts de fleurs s'élevaient aussi haut que des ormes ; des figuiers, d'un vert plus clair et plus tendre, et des cyprès magnifiques, ombrageaient une terre fleurie. Nous descendîmes de notre bâtiment pour jouir plus à notre aise. Le chant varié de mille oiseaux animait cette scène de verdure, et nous paraissait d'autant plus agréable que, depuis le commencement de notre voyage, nous avions été presque entièrement privés de cette mélodie joyeuse. C'est ici où était Phocée, cette Phocée, qu'autrefois ses habitans ont quittée et sont venus fonder Marseille. Nous n'y avons vu d'autre antiquité que les rochers taillés des montagnes. Du moins de loin cela paraissait ainsi; car, à mesure que nous approchions, l'art semblait disparaître. Quelques uns de ces rochers étaient remplis de cavités carrées destinées jadis à recevoir ces antiques *ex voto* dont le christianisme a conservé la tradition. La population de la ville est grecque en grande partie, et ne vit que du produit de la terre. Un fort en mauvais état défend l'entrée du bassin, qui est magnifique et offre le plus beau port qu'on puisse désirer. Le 4, nous partîmes, et, le vent nous favorisant, nous arrivâmes ce jour jusqu'en vue de Ténédos. Après avoir côtoyé les bords de l'île de Mitylen (ancienne Lesbos), que nous ne pûmes voir sans donner un soupir au souvenir de Sapho, nous passâmes à côté de la ville de Mitylen. L'île n'est remarquable que par la quantité d'oliviers qui la couvrent. Ténédos étant à notre gauche, à droite nous avions la Troade, rendue si fameuse par Homère; ses bords nus sont presque au niveau de la mer; cette superficie plane était une vue nouvelle pour nous. Depuis la Syrie, nous n'avions eu en regard que des côtes montagneuses et des bords escarpés. Nous distinguâmes les ruines de l'Alexandria-Troja, et dans le lointain, à l'orient, le mont Ida, encore tout couvert de neige. C'est sur cet Ida que Pâris jugea le démêlé des trois déesses. Notre imagination, en passant, rebâtissait l'ancienne Troie et faisait revivre Priam, son fils Hector et les héros grecs qui les combattaient. Les poètes qui ont chanté un pays et qui l'ont peuplé de scènes héroïques, ont jeté en quelque sorte le coloris de leurs descriptions sur les lieux mêmes : on ne les envisage plus qu'à travers le prisme de leurs chants; cette terre devient à nos regards plus belle, plus intéressante, et le poète même devient plus poétique, plus pénétrant à mesure qu'on examine les sites qui ont inspiré sa lyre. Ténédos n'est séparé de la Troade que par un canal; il tient du continent par la disposition de son terrain, qui ne montre qu'une plaine basse chargée d'une seule élévation nommée le mont Elie. Le vent nous favorisant, nous entrâmes de nuit dans le canal des Dardanelles. Quand le jour nous permit de distinguer les objets, nous trouvâmes la côte d'Asie fertile et belle par la variété qu'y jetaient les montagnes; celle d'Europe nue et désagréable à l'œil. De distance en distance, nous aperçûmes des forts bâtis pour défendre le passage du canal. Ces forts n'étaient pas en très bon état d'entretien quant à l'armement. Une grande partie de leurs nombreux canons étaient sans affût; quelques uns étaient d'un très fort calibre. Beaucoup de bâtimens se croisent sur ce canal, et l'on pouvait presque à chaque instant se donner la main avec son voisin. Des villes et des villages étaient placés de chaque côté, ce qui rendait cette navigation très animée et pareille à celle qu'on ferait sur un fleuve à travers un pays peuplé et fertile. Depuis le 5 jusqu'au soir du 6, nous restâmes autour des îles Marmara. Alors la brise fraîchit, et, quoique contraire, elle nous mena cependant, le 7, au coucher du soleil, devant Constantinople. Les côtes que nous avions à notre gauche avant d'arriver étaient toutes basses et cultivées; mais sans arbres, excepté les bouquets qui enveloppaient les villages qu'on apercevait de distance en distance.

---

# XXXIII

## Constantinople.

Depuis quelque temps nos yeux tâchaient de découvrir l'emplacement et l'aspect de Constantinople, cette ville qui, pendant un moment, a tenté d'éclipser Rome, ne peut être indifférente ni au chrétien, ni à l'artiste, ni à l'historien. Elle renferme à elle seule tous les genres d'intérêt. Chaque nature d'esprit peut y trouver des enseignemens et des inspirations. Ses monumens, ses sept collines et ses sites; les disputes qui ont agité son sein; les bouleversemens dont elle a été témoin; le peuple qui l'a conquise et l'avenir qui lui est réservé, offrent à tous des méditations. Sous les empereurs grecs, elle fut une Carthage nouvelle pour la Rome du moyen âge. Plus tard, elle devait décider si la civilisation asiatique du fatalisme et de l'esclavage, l'emporterait sur la civilisation chrétienne de la liberté et de la charité. Elle a été vaincue dans chacune de ses révoltes contre la vérité, la sève et la vie s'en sont retirées. Doit-elle rester morte? sous quelle forme ressuscitera-t-elle? On pourrait le deviner et le prédire. Toutes ces pensées m'assiégeaient quand je commençai à apercevoir de grands bâtimens carrés, ayant des tours aux angles; j'appris que ce que je voyais étaient des casernes. Il en devait être ainsi sur la terre du despotisme, les regards doivent d'abord être frappés par l'emblème de l'obéissance passive. Au bord de la mer une fabrique de poudre à canon complétait l'image, et présentait cet agent aveugle de la mort prêtant sa force à des bras presque aussi aveugles que lui. Après la fabrique de poudre viennent les boucheries. La ville commence ensuite par le château des Sept Tours et une muraille fortifiée qui l'entoure; on n'en distingue que cinq et encore quelques unes commencent à tomber en ruines. N'est-ce pas un présage de la destruction lente, mais sûre, du despotisme? Ce château fait à l'œil l'effet d'un château gothique situé au milieu d'arbres verts. La ville ensuite se continue. Je voyais un quartier extrêmement grand, où chaque maison semble située au milieu d'un jardin; toute la ville est coupée d'arbres et de verdure; mais dans les autres quartiers les maisons sont plus rapprochées, et on en voit plusieurs se tenant ensemble, tandis que dans ce premier toutes paraissaient isolées. Le dessus de ce quartier est couronné par deux grandes mosquées accompagnées de leurs minarets. Plusieurs autres mosquées s'y trouvent, mais n'y sont pas tant en saillie, et l'œil doit les chercher. Plus loin le terrain s'abaisse et a l'air de se rétrécir, et le quartier qui suit paraît plus peuplé, les maisons sont plus entassées, la verdure s'y voit moins, mais la peinture et la couleur des bâtimens sont plus variées. Cette portion de la ville s'étend jusqu'au port; quatre grandes mosquées s'y remarquent ainsi qu'une espèce de tour en forme de pigeonnier qui sert à loger des gardes chargés d'avertir quand le feu éclate quelque part. De plus, une colonne antique noircie, pour avoir résisté à plusieurs incendies, jette son ombre séculaire sur ces monumens d'un jour. Plusieurs de ces mosquées sont entourées de quatre, même de six minarets; une infinité de plus petites s'y voient aussi. Mes yeux cherchaient au milieu de ce dédale de temples de l'islamisme, la mosquée de Sainte-Sophie; je ne la vis que plus tard, quand nous fûmes dans le port. Les différentes peintures des maisons, les dômes dorés des mosquées et les sommets brillans des minarets donnent un aspect tout particulier à cette ville. Le mur qui l'entoure du côté de la mer est en partie en ruines et en partie interrompu par de vilaines masures rouges. A ma droite, j'avais l'ouverture du Bosphore, Scutari et la nouvelle caserne qui comme les autres est un bâtiment carré, mais encore tout blanc par la nouveauté de sa construction. Au dessus de Scutari s'élève un bois de cyprès indiquant un grand cimetière; au delà deux mamelons dépendant d'une seule montagne couronnent cette partie. Au dessus de la ville il n'y a pas de fond pour terminer le tableau comme au dessus de Scutari. Nous restâmes à l'ancre deux jours sans pouvoir doubler la pointe du sérail que nous n'apercevions pas encore ; ne pensant pas que, vu d'ailleurs, l'aspect de Constantinople pût être plus beau ; nous fûmes désappointés ; car cette vue, citée comme la plus belle de l'univers, ne répondait pas à l'idée que nous nous en étions faite ; mais le 8, vers le soir, nous prîmes une barque pour faire une promenade dans le port intérieur ; alors nous retrouvâmes ce que tous les voyageurs ont annoncé, la plus belle, la plus gracieuse et la plus magnifique vue de l'univers. Certainement on peut rencontrer des choses plus imposantes, plus grandioses, plus sévères, mais rien d'aussi joli, d'aussi colorié, d'aussi gracieux. Quand nous eûmes doublé la pointe du sérail, Scutari était à droite ainsi que le canal de la mer Noire ; les faubourgs Topaua, Galata et Péra plus élevé ; à gauche le sérail et Constantinople avec ses grandes mosquées ; devant nous un port de trois ou quatre lieues, couvert de bâtimens de toute forme et de toute espèce ; mille batelets se croisaient en tous sens, leurs proues aiguës et leurs corps alongés glissaient plutôt sur l'onde qu'ils ne la divisaient. Cette ville et ses faubourgs, situés sur des collines, offrent d'étage en étage des monumens variés à l'infini, mais conservant tous un caractère général de légèreté uniforme ; rien n'est disparate dans le tableau, la belle verdure qu'on observe à chaque coin et dans chaque partie, empêche la confusion et repose agréablement l'œil qui serait fatigué s'il n'avait à considérer que des maisons à côté de maisons, et des monumens à côté de monumens. Les dômes des mosquées, légèrement écrasés, offrent bien près d'eux des minarets élancés; mais la pointe aiguë des cyprès est un cortége qui leur va mieux encore. Les maisons peintes de toutes couleurs font aussi un effet plus agréable au milieu d'une verdure changeante, que si l'on ne voyait partout que les productions de l'homme. Au milieu de tout cela se remarque, comme demeure du souverain, le Sérail; ce palais, partout connu de nom, effrayant par les têtes qu'on attache à sa porte et par les cruautés dont il fut si souvent le témoin, ressemble à un jardin immense, à un jardin grand comme une ville entière, où on ne voit pas seulement un palais, mais des palais jetés partout, sans ordre et avec profusion, tous gracieux, légers et élégans. C'est là une magnifique demeure de souverain, de souverain oriental, où tout est sacrifié à la légèreté, à la grâce, au brillant, et où l'on n'a songé, en quelque sorte, [illegible] la jouissance d'aujourd'hui. La solidité, la durée, se trouvent dans les palais d'occident, qui en revanche manquent d'air, et ressemblent plutôt à des prisons dorées ou à des forteresses plus ou moins bien faites, qu'à l'habitation de l'homme qui commande à tous, et à qui la terre appartient. Quand vos yeux ont été rassasiés de ces merveilles, que vous croyez que rien ne peut plus vous étonner en fait de beauté gracieuse, et de richesse légère et élégante; si vous entrez dans le Bosphore, votre surprise sera à son comble, vous ne rencontrerez là, pendant plusieurs heures de navigation, que des vertes collines ornées de palais tels que la plus riche imagination d'un peintre de décoration ne pourrait les inventer. Ces maisons et ces palais, situés pour la plupart sur le bord de la mer, reçoivent l'onde salée au milieu de leurs cours dans des bassins de marbre; ces bassins, entourés de rosiers fleuris, servent de remise à des élégans caïques. Dans cet intérieur fermé, les femmes, toujours recluses, peuvent jouer au milieu des fleurs, dans cette eau tranquille, sans craindre les regards indiscrets des nombreux bateaux qui passent. Au milieu des riches palais des ambassadeurs et de tous les grands de l'empire, on remarque le palais d'été du sultan, par plus de richesse et plus d'élégance. Ce palais, situé sur la côte d'Asie, à l'extrémité d'un des replis du Bosphore, peut, par la manière dont il est placé, embrasser de l'œil Constantinople d'un côté, et la belle partie du canal de l'autre. [illegible]ds caïques à seize paires de rames, dont l'un déc[illegible] sa proue relevée en col de cigne, et l'autre se [illegible]mine en pointe comme le bec de l'aiguille de mer, attendent le sultan le vendredi à onze heures, pour le conduire à la mosquée. Il part dans l'un, et l'autre le ramène. Ces caïques sont étincelans de dorure et surmontés sur l'arrière d'un dais en drap écarlate broché d'or; des coussins couverts de même étoffe, placés par terre sur de riches tapis, sont destinés à recevoir le souverain. Tout cet or, toute cette mollesse ne touche cependant l'homme qu'à l'extérieur; que d'épines souvent, et que de misère sous cette peau tant ménagée. Ni l'édredon le plus fin, ni les diamans les plus précieux ne peuvent adoucir les tortures du cœur. Le vent était sud, nous vîmes jusqu'à deux cents bâtimens à la fois voguer sur ce canal d'un mille de largeur, et qui se dirigeaient vers la mer Noire. A l'entrée était la flotte turque avec ses canons de bronze poli; plus loin, dans la baie de Bouyoukdéré, la flotte russe; non loin, sur la côte d'Asie, des troupes de cette nation étaient campées, elles étaient venues défendre le sultan contre l'armée égyptienne. Un sultan avoir recours aux Russes pour la défense de son trône était chose inouie pour les Turcs, les musulmans en murmuraient. Non loin de là, deux frégates laissaient flotter le pavillon anglais et français, elles étaient dans ces eaux en sentinelles avancées, pour porter l'alarme au besoin à leurs flottes respectives. Vouloir décrire les palais et les beaux sites qui se trouvent le long de ce canal, serait au dessus de mes forces; tout ce que je puis dire, c'est que l'imagination, toute riche qu'elle soit, ne peut aller au delà de ce que l'œil peut voir. Constantinople et le Bosphore seront toujours au dessus de l'image que l'esprit peut s'en faire. Deux points encore veulent qu'on en fasse mention. Au fond du port les eaux douces d'Europe, et sur le Bosphore les eaux douces d'Asie. Ces deux points offrent des vallons frais, sillonnés par une rivière, et sont remarquables par leur beauté au milieu de tant de choses belles; ils servent de réunion au moins une fois par semaine au public; les femmes arméniennes et grecques vont le dimanche aux eaux d'Europe, et les femmes turques le vendredi à celles d'Asie. Vous apercevez, les jours de réunion, une multitude de chars, les uns dorés, les autres peints de différentes couleurs, couverts de drap écarlate, et traînés par des bœufs caparaçonnés d'une manière brillante et bizarre. Les femmes, assises dans ces chars ou sur l'herbe, prennent le café et font des collations. Les hommes, plus loin, mais séparés, sont là comme des surveillans sévères de ces distractions si limitées dont leurs esclaves jouissent. Nous nous promenâmes au milieu des groupes; un des nôtres fut injurié par une de ces femmes esclaves, parce qu'il donnait le bras à une dame. Elles regardaient cette action comme une bassesse de la part d'un homme, et voulaient lui en faire honte. Leurs pensées sont au niveau de leur position sociale; il serait extraordinaire que pour la généralité il n'en fût pas ainsi, car l'homme n'est que ce que l'éducation le fait. Après avoir examiné à loisir tout ce luxe oriental, ces édifices légers et brillans, nous nous décidâmes à visiter les murs de Constantinople du côté de la terre. Ils s'étendent depuis le palais du Grand-Seigneur, dit des eaux douces d'Europe, jusqu'aux Sept Tours. Tout se trouva changé à nos regards, excepté quelques cimetières turcs, dont les cyprès et les tombes nous rappelaient l'Orient, rien ne nous le rappelait plus. Deux ou trois rangs de murailles entrecoupées à des distances rapprochées par des tours féodales, percées de créneaux, frappèrent nos yeux. Les maisons de la ville, les minarets des mosquées avaient disparu; le moyen âge seul était debout devant nous. Ces murailles, ces tours lézardées partout et tombant en ruines, étaient dévorées par le lierre, les pierres avaient disparu de quelques unes sous cette verdure parasite, et les embrasures paraissaient taillées dans les feuilles par les soins d'un jardinier. Sur d'autres tours, des arbres s'élevaient et formaient un digne couronnement à ces silencieux débris. Les fossés en partie comblés étaient convertis en jardins ; les abricotiers et les figuiers y étaient entremêlés avec les herbes vertes qui servent à alimenter Stamboul. C'est là où l'on doit venir s'asseoir et se couvrir de cendres pour pleurer sur la ville chrétienne et conjurer la colère de ce Dieu qui l'a livrée aux infidèles pour punir les crimes de son peuple. La brèche par où l'ennemi est entré quand il s'en est rendu maître, est restée ouverte comme une insulte permanente à cette cité qui n'a pas su la combler avec les corps de ses défenseurs, et qui a laissé sur ses temples remplacer la croix par le croissant. Quand sera-t-il permis à chaque chrétien d'y porter sa pierre et de rebâtir ces murailles afin que Dieu y soit loué de nouveau en toute sincérité et toute vérité ? Nous parcourûmes la ville après avoir examiné ces murailles. Tous les beaux sites disparurent ; des rues étroites, mal pavées, détruisaient l'extase que les vieux monumens avaient excitée ; les bazars sont nombreux et étendus, mais les galeries couvertes à Paris sont plus belles et plus riches à la vue. Ici les marchands n'étalent tout juste que ce qu'il faut pour indiquer ce qu'ils vendent, et on est souvent étonné de trouver dans une boutique de chétive apparence des marchandises de prix. Les mosquées, à Constantinople, se rencontrent à chaque pas et sont très soignées ; nous en visitâmes cinq ou six en commençant par Sainte-Sophie. Cette mosquée, formant un carré long, est surmontée d'un très grand dôme qui occupe le centre, autour duquel sont les nefs latérales et les deux extrémités. Nous montâmes par une large voie en pente douce jusqu'à un étage supérieur, et nous entrâmes dans les grandes galeries dites des catéchumènes; c'était là où on plaçait ceux qu'on préparait à l'initiation complète du christianisme, quand cette église servait au culte chrétien. Des colonnes de marbre d'une seule pierre soutiennent ces galeries et d'autres en partent pour soutenir les toits; plusieurs de ces colonnes ne sont pas droites. Ont-elles été placées ainsi quand on a construit ce bâtiment, est-il survenu quelque affaissement, ou y a-t-il quelque raison architecturale de cette position inclinée? je ne puis le dire. Les galeries du dôme se trouvent placées au dessus de ce deuxième rang de colonnes. Une chaire en marbre, quelques galeries en bois pour les cérémonies religieuses et un grand nombre de lampes rangées dans un certain ordre sont tous les ornemens que les Turcs admettent dans leurs mosquées. Tout ce qui était figure ou tableau a disparu de l'intérieur de Sainte-Sophie; on ne voit plus que la structure nue du bâtiment. Nous avons observé la même chose dans l'intérieur des autres grandes mosquées que nous avons vues; elles ne diffèrent essentiellement de Sainte-Sophie, qui paraît avoir servi de modèle à toutes, que par leur grandeur et le nombre de leurs minarets. Celle de Soliman présente de plus, avant son entrée, une grande cour carrée entourée d'une arcade, dont la plupart des colonnes sont en vert antique. Autrefois nul chrétien n'obtenait la permission d'entrer dans une mosquée, tandis que maintenant cette permission s'obtient facilement.

Les eaux que l'on consomme à Constantinople viennent d'une forêt placée à quelques lieues de la ville, nommée la forêt de Belgrade, à cause d'un petit village qui porte ce nom et qui se trouve non loin des sources; cette forêt, qu'on défend d'exploiter afin de mieux conserver les eaux, est pleine d'arbres magnifiques; mais beaucoup se découronnent et le sol est couvert de bois mort. Ce bois, d'après ce qu'on nous dit, s'étend de là jusqu'aux Balkans du côté de la mer Noire. Il est plein de gibier de toute espèce; tous les villages qui s'y trouvent sont habités pour la plupart par des chrétiens du rit grec. Nous allâmes visiter les réservoirs qui alimentent la ville; ce sont de grands étangs entourés d'ombrage, l'eau est maintenue dans leur partie la plus déclive par des batardeaux revêtus de pierres de taille, quelques uns sont construits en marbre. De chaque étang partent des aqueducs qui portent les eaux à leur destination. Dans quelques endroits ces aqueducs sont très grands et très beaux, notamment celui qu'on appelle de Justinien, qu'on croit avoir été bâti par Adrien et réparé seulement par l'empereur Justinien. Dans la vallée qu'il traverse, il a deux rangées d'arches posées l'une sur l'autre, présentant chacune 90 ouvertures. La vue de ces paisibles étangs, de ces étangs ombragés, nous fit un plaisir extrême; nous qui venions de ne voir pendant près d'un an que des terrains pierreux brûlés du soleil, la plupart arides; des torrens assourdissans, la mer et ses vagues. Ce repos, cette ombre, ce silence étaient si doux, qu'à peine nous pûmes nous en arracher. J'ai séjourné plus d'un mois à Constantinople; arrivé le 7 juin, je n'en suis reparti que le 11 juillet. Pendant ce temps j'ai assisté par curiosité aux cérémonies religieuses des derviches tourneurs; j'aurais voulu voir celles des turcs dans leurs mosquées, mais ils ne le permettent pas, et regardent la présence des étrangers comme une profanation; tandis que les derviches admettent tout le monde. Leur temple ou leur oratoire est construit en forme de manége; autour, est un parterre en galerie destiné aux curieux; derrière ce parterre sont des loges grillées pour les femmes; à l'est se trouve une fenêtre devant laquelle sont placés plusieurs coussins; du côté opposé une tribune ouverte et élevée sert d'orchestre. J'entendis sortir de là un chant lent et plaintif, accompagné par les sons maigres et aigus d'une espèce de mandoline. Après quelque temps de ce chant, qui ne variait pas, les derviches firent leur entrée dans ce qu'on peut appeler l'arène; ils parurent à la suite les uns des autres, marchant d'un pas marqué et grave; à leur tête était le supérieur, petit homme d'une figure très douce, qui, donnant le signal de la marche qu'ils devaient exécuter, alla s'asseoir sur les coussins placés près de la fenêtre. Dans ces marches qui durèrent assez long-temps, les derviches, en passant devant leur supérieur, s'inclinaient profondément, celui-ci rendait à chacun son salut. Cette partie de la cérémonie terminée, ils se mirent à tourner sur eux-mêmes, les bras étendus, avec toute la vitesse possible; successivement les plus faibles, manquant de vigueur et de respiration, allèrent s'asseoir; les plus intrépides continuèrent. Je ne sais comment s'est terminée cette scène, car l'ennui m'ayant gagné par le manque d'intérêt qu'elle me présentait, je me suis retiré. Les derviches sont habillés d'une longue robe fermée, très ample par le bas et retenue par une ceinture autour des reins; cette robe fait la roue quand ils tournent. Leur coiffure consiste dans un feutre gris, sans bords, ayant la forme d'un grand pain de sucre. Ils vivent dans une espèce de communauté, sans cependant cohabiter ensemble. Leur institut les oblige à se consacrer au service des malheureux. Dans ce moment, le prince royal de Bavière, que nous avions déjà vu à Smyrne, se trouvait dans la même enceinte pour voir ces cérémonies; il voyageait très simplement avec très peu de monde.

Je ne sais pas beaucoup de détails sur les instituts religieux catholiques de Constantinople. Je ne suis allé à la messe qu'à l'église desservie par les Lazaristes. Cette église, placée dans leur couvent, était très fréquentée, non seulement par des Francs, mais encore par des Arméniens et des Grecs. J'eus quelques rares occasions de parler avec les religieux qui me parurent animés du même zèle et de la même abnégation d'eux-mêmes que ceux d'Antoura. Ils avaient probablement parmi eux le doyen des missionnaires, car là vivait un vieillard encore alerte, qui résidait à Constantinople depuis soixante ans.

J'ai vu à Péra, et ce n'est certes pas la chose la moins curieuse, l'enterrement d'un chrétien. Des prêtres en costume de cérémonie, la croix en tête, précédaient le convoi. Des cawash allaient devant pour faire ranger tout ce qui pouvait faire obstacle; personne n'y trouvait à redire, pas le plus petit murmure, pas la moindre insulte, partout de la décence. Vaudrait-il donc mieux pour la liberté de conscience avoir affaire à des gens qui croient à quelque chose, qu'à ceux qui ne croient à rien? Je suis assez tenté de le penser, et ce que je venais de voir aiderait à le prouver.

Un soir, pendant que j'étais assis sur le pont de notre bâtiment avec quelques uns de mes compagnons et le capitaine, au milieu de ces voiles nombreuses qui peuplaient l'immense port; pendant que nous causions entre nous de tout ce que la journée nous avait offert de remarquable, on nous annonça qu'on venait de faire une exécution, que deux femmes turques et deux de leurs esclaves, cousues toutes vivantes dans des sacs, avaient été jetées dans la mer. Cette annonce me fit une telle impression, que pendant deux jours et deux nuits toutes mes pensées se portaient sur ces femmes, sur ce supplice horrible, qui ne leur permettait même pas de se débattre contre la mort, contre cette mort qui les environnait partout. Peut-être leurs cadavres poussés par les vagues roulaient sous notre bâtiment, où nous respirions si librement l'air qui avait si cruellement manqué à ces infortunées. Jamais impression n'a pesé si tristement sur mon cœur! que le malheureux qui était cause de cet épouvantable désastre devait souffrir s'il avait une âme! Cet homme était un juif de Belgrade, marié à une Viennoise, venu à Constantinople pour des affaires de commerce; il se fit introduire, par une vieille de sa nation, dans la maison d'un turc pendant l'absence du maître. Les voisins ayant conçu quelques soupçons avertirent celui-ci, qui revint avec le juge. On trouva l'étranger dans l'appartement des femmes et on l'arrêta; en conséquence de cela les deux femmes et les deux esclaves présentes furent condamnées à être noyées vivantes. Le juif devait être empalé, mais par l'argent qu'il sut distribuer à propos, sa peine fut commuée en celle des travaux forcés à perpétuité. Arrivé dans le bagne, l'inspecteur qui savait que ce condamné était riche, l'accablait de travaux au dessus de ses forces, afin de l'obliger à se libérer moyennant de l'argent. C'est ce qu'il était réduit à faire presque tous les jours. Enfin nous apprîmes avant notre départ que par l'intercession déguisée du nonce d'Autriche, on l'avait mis aux Sept Tours, où il n'était plus regardé que comme un simple prisonnier. On avait l'espoir de le rendre plus tard entièrement à la liberté. Dans ces affaires de femmes les ambassadeurs ne sont pas admis à intercéder ostensiblement en faveur des coupables; les Turcs se les sont réservées à eux seuls; mais leur intercession indirecte n'en est souvent pas moins puissante. L'homme qui va souiller la couche d'un autre est ordinairement puni très sévèrement, ainsi que la femme qui souffre ou autorise cet attentat; tandis que, si la femme quitte la maison maritale et entre dans la maison de son séducteur, elle est seule punie et celui-ci n'a aucune peine à redouter.

Deux jours avant mon départ de Constantinople, l'ambassadeur extraordinaire de Russie, le comte Orloff, donna une fête en l'honneur de son maître, à laquelle j'ai assisté. Tout Péra en parlait quinze jours d'avance, les apprêts en étaient magnifiques, le palais de l'ambassade placé presque vis-à-vis du camp russe n'en était séparé que par le Bosphore. Une illumination splendide faisait briller ce palais et les jardins de mille feux divers. Tous les bâtimens de la flotte étaient couverts de pavillons et de lumières. Des bateaux plats au devant du palais soutenaient un feu d'artifice qui, quand on le fit partir, fit scintiller les eaux du Bosphore de mille couleurs. De l'autre côté le camp répondait par de nombreuses fusées et des coups de canon, à cette espèce de prise de possession de la Turquie d'Europe par le czar moscovite. Les quais couverts de peuple de toutes nations, de tous costumes, vibraient des clameurs d'un tel genre que, probablement, nulle oreille n'a encore entendues. Cette fête européenne (1) donnée sur les eaux de ce canal, pour un autre souverain que le sultan captivant l'attention des masses, devait être un spectacle nouveau et douloureux pour le vieil Osmanli assis en silence dans quelque coin à l'écart, et méditant sur la gloire passée et le sort futur de l'empire.

Dans cette fête l'intérieur n'était pas moins intéressant.

(1) Mahmoud y assistait incognito sur un bateau à vapeur turc. Ce Mahmoud, qui a eu assez d'énergie pour détruire les janissaires, mais qui n'a pas assez de génie pour remplacer le bras qu'il s'est coupé.

Le comte Orloff, grand et bel homme, rempli d'aisance et de dignité bienveillante, recevait successivement les grands de l'empire turc, les membres du corps diplomatique et les autres convives avec cet aplomb, cette assurance gracieuse que donnent une position solide et une supériorité marquée. Quand le monde fut réuni dans les nombreux salons, on pouvait y voir de suite des divisions sensibles. Les Turcs, retirés dans un salon à part, se soustrayaient à la foule, comme tout honteux de recevoir chez eux un si brillant accueil. L'ambassadeur ne les négligeait pas, il les accablait de prévenances afin de leur adoucir autant que possible l'humiliation de leur position. Dans un coin du grand salon étaient les ambassadeurs de France et d'Angleterre causant très sérieusement entre eux afin de se donner du maintien. L'ambassadeur russe leur parlait aussi, mais moins souvent et moins longuement qu'aux Turcs; la conversation paraissait forcée et insignifiante, le sourire était sur les lèvres, mais c'était ce sourire de commande qu'on trouve quand on est obligé à être poli et qu'on n'a pas envie de l'être. La foule sautait et dansait aux sons d'un orchestre que l'armée avait fourni. Cette position fausse et embarrassée de la France et de l'Angleterre, dans le Levant, est la faute de ces deux gouvernemens. Le sultan et son peuple, à l'époque où Méhémet-Ali menaçait Constantinople, auraient mille fois mieux aimé se jeter dans leurs bras que dans ceux de la Russie. Une frégate envoyée de leur part à Alexandrie, intimant l'ordre de cesser la guerre, eût suffi pour leur assurer l'alliance de la Turquie, sans partage; pourquoi ne l'ont-ils pas fait? Il n'y a qu'une seule manière de l'expliquer; et comme il n'y aurait pas eu de franchise et de loyauté dans une telle conduite, on ne l'a pas avouée et on ne l'avouera pas. Ces puissances ont d'abord pensé que jamais la Turquie ne se jetterait dans les bras de la Russie, son ennemie mortelle; que le sultan en eût-il eu envie, le peuple ne l'aurait pas souffert. Elles ont été trompées. Elles ont pensé que le pacha d'Égypte détrônerait le sultan dont on se serait débarrassé, qu'on eût alors élevé à l'empire son fils mineur avec un conseil de régence dont Méhémet aurait été l'âme. Le pacha ne se serait pas débarrassé de suite de cet enfant, car il aurait eu besoin de son nom et de sa légitimité pour soumettre plus facilement le reste des provinces, et les maintenir sous sa puissance. Alors la France et l'Angleterre auraient eu à Constantinople Méhémet au lieu de Mahmoud. Méhémet, qu'elles ont toujours favorisé directement ou indirectement, et sur l'alliance duquel elles pouvaient compter complétement. Ce Méhémet avec son génie et sa force d'organisation, aurait été pour la Russie un obstacle plus grand que l'impéritie et la mollesse du gouvernement de Mahmoud. C'est surtout ce résultat que la France et l'Angleterre voulaient obtenir. Qu'est-il arrivé de cette conduite intéressée? On a perdu l'allié qu'on avait en voulant déloyalement en acquérir un plus fort. Je pense que c'est cette position embarrassée et fausse qui ôtait tout maintien dans cette fête aux ambassadeurs des deux nations désappointées. Les Turcs n'osaient pas les rechercher dans la crainte que leur jalouse alliée, la Russie, ne fût mécontente. Je ne voyais de bien satisfaits parmi ceux qui marquaient, que le héros de la fête, le comte Orloff, le représentant de la Prusse et celui de l'Autriche qui gravitaient rayonnans autour de l'amphitryon, comme des satellites gravitent autour de l'astre qui les tient dans sa sphère d'attraction. Avant de me retirer, j'avais ainsi, en allant de salon en salon, examiné les attitudes de chacun et expliqué à moi-même les pensées et les positions réciproques. Une collation de 600 couverts, dressée dans le jardin, sur plusieurs tables, devait avoir lieu plus tard, je ne fus pas tenté d'y rester; on m'apprit le lendemain qu'il n'y avait eu de remarquable que la maladresse des Turcs à se servir de leurs fourchettes, et la quantité de vin de Champagne bu par les officiers russes.

---

## XXXIV

### Départ de Constantinople et arrivée à Semlin.

Depuis quelque temps tout avait été préparé pour le départ commun ; mais la continuité des vents du Sud rendant la chaleur insupportable, M. de Lamartine ne voulant pas s'exposer, ni exposer madame de Lamartine qui était souffrante, à voyager dans un pareil moment, résolut de retarder ce départ de trois semaines ; cette résolution m'attrista beaucoup. Le désir du retour, constamment nourri, était devenu si vif dans moi, qu'une journée me semblait un siècle et que ce qui était retardé paraissait ne devoir arriver jamais. On ne peut concevoir, à moins de l'avoir éprouvé, la tyrannie qu'exerce sur soi une idée qu'on a toujours caressée et qu'on n'a pas combattue dans son principe. Elle s'empare tellement de l'esprit, qu'il vient un moment où on ne peut presque plus la secouer. M. de Lamartine voyant ce désir, donna à M. de Parseval et à moi, pour nous conduire à Semlin, une des voitures qu'il avait retenues; notre séparation fut triste et douloureuse et ce ne fut que dans ce dernier moment que je vis combien elle devait me coûter.

Nous montâmes le 11 au matin dans une voiture du pays, appelée arrabas, pour commencer un voyage de 275 lieues environ, à travers des provinces dont nous ne connaissions ni la langue, ni les usages, avec un conducteur turc qui ne nous comprenait pas. Pour toute ressource nous nous munîmes d'une feuille de papier sur laquelle étaient écrites une cinquantaine de phrases exprimant les questions les plus nécessaires pour le voyage. Nous avons ainsi fait cette route en toute sécurité, sans qu'on ait été tenté nulle part d'abuser de notre position. Quelle est la contrée civilisée dont un voyageur pourrait rendre un pareil témoignage? Maintenant la description de mon voyage sera plus rapide, la terre que nous allons parcourir n'est plus une terre de souvenirs, les traces des pas des croisés qui l'ont traversée sont effacées, rien ne les rappelle plus, et rien n'émeut. De plus, épuisée par les sensations passées, mon âme était émoussée; les belles rivières, les beaux sites, les montagnes passaient devant mes yeux sans laisser de traces, je n'éprouvais plus qu'un désir, désir vif à la vérité, celui de me retrouver au sein de ma famille, d'y goûter le repos, de me sentir au milieu de toutes mes douces affections et peut-être de raconter les choses diverses que j'avais vues dans mes courses lointaines. Sortant de Constantinople, nous nous en étions à peine éloignés d'une demi-lieue que nous nous retournâmes pour saluer une dernière fois cette ville à grand renom ; elle nous étonna de nouveau par la beauté de sa position. Quand nous l'avions vue du côté de la terre, nous nous trouvions sous les murailles. La ville alors avait disparu à nos yeux et nous n'apercevions qu'un magnifique débris du moyen âge couvert de lierre et entouré d'arbres, tandis que du point où nous étions, les crevasses des murailles et les créneaux des tours n'étaient plus sensibles ; nous ne voyions plus qu'un beau rideau vert au dessus duquel s'élevait majestueusement la cité aux mille minarets. Cette cité matérielle paraît toujours jeune et brillante parce que la nature la pare et que cette souveraine-là verse constamment ses bienfaits sans se lasser et sans s'épuiser,t andis que la cité morale porte dans son sein le deuil et la mort. De Constantinople à Andrinople le chemin n'offre rien de remarquable, il passe dans un pays de plaine qui est aux trois quarts désert, quoique susceptible d'une culture productive. Les Turcs n'auraient qu'à remuer le doigt pour que leur empire fût le plus richement varié en produits de toute espèce que quel que ce soit ; ils ne remuent pas ce doigt, ils fument et ils se reposent. Nous côtoyâmes la mer de Marmara pendant environ trois jours, jusqu'à la hauteur de Rodosto, en traversant trois ou quatre ponts très longs, passant sur autant de bras de mer qui fournissent de l'eau à des marais salans. Le cinquième jour nous arrivâmes à Andrinople, ville située sur deux rivières au milieu d'un pays fertile, mais qui, comme presque toute ville turque, n'est entourée que d'une belle ceinture ; elle n'offre de remarquable qu'un beau et grand bazar, tel qu'on n'en trouve pas à Constantinople, monument d'un Ali-Pacha. Nous nous reposâmes un jour chez le consul de Sardaigne, M. de Vernissa, et dans ces 24 heures nous oubliâmes les fatigues et la chaleur de nos derniers cinq jours. Un hôte prévenant, un bon lit, une bonne table, et la faculté de pouvoir parler étaient trop en opposition avec le silence gardé le long du chemin que nous venions de parcourir, la poule au riz cuite à la hâte et la natte turque, pour ne pas être vivement appréciés. Nous quittâmes ce gîte avec le regret de ne pas en trouver de pareils de distance en distance sur notre route. Depuis Andrinople jusqu'à Philippopoli nous traversâmes encore des plaines, mais elles offraient plus de variété, des taillis immenses rompaient leur monotonie, une belle et lente rivière que nous vîmes de temps en temps à notre droite, nous présentait tantôt l'image d'un lac parsemé d'îles et entouré d'arbres verts, d'autres fois d'un canal légèrement ridé ; toute cette eau coulait dans le désert et le silence.

Dans le milieu de la journée du 18, nous arrivâmes à Philippopoli ; de loin nous aperçûmes dans la plaine deux mamelons isolés ; la ville occupe ces deux mamelons et l'espace intermédiaire. Elle se présente à l'œil comme un vaste amphithéâtre et paraît assise là comme si tout entière elle devait assister à un spectacle ou à un combat. Au pied du mamelon qui se trouve le plus au nord passe un grand fleuve qui probablement se jette dans celui que nous avions vu, ou qui est peut-être le même. Nous le passâmes sur un pont de bois et nous nous arrêtâmes vis-à-vis d'un café sur l'autre rive. A peine étions-nous arrivés, qu'un cawash du gouverneur vint s'informer, de la part de son maître, des nouvelles politiques de la capitale; il demanda ce qu'étaient devenus Ibrahim et l'armée russe. Je lui répondis que les Russes étaient partis et Ibrahim retourné en Syrie, et que le sultan se portait bien. Il faut avouer que le gouvernement turc n'a guère soin de tenir ses agas au courant de ce qui se passe dans l'empire, puisqu'ils sont obligés d'accoster les voyageurs sur la grande route pour savoir si cet empire existe encore oui ou non. Et c'est sur ces rapports, qui peuvent être très infidèles, que le gouverneur se fonde pour dormir plus ou moins tranquille et régler sa politique en conséquence.

Après un peu de repos, nous allâmes coucher à Tatar Bazargik, petite ville animée et pleine de mouvement, située au milieu d'un terrain marécageux. Nous commençâmes à Bazargik à voir plus de culture, la terre était plus soignée que tout le long de la route que nous venions de parcourir. Environ à quatre ou cinq heures de là, nous entrâmes dans les Balkans. Nous aperçûmes, à notre gauche, quelques sommets plus élevés que les autres encore couronnés de neige. La gorge par laquelle nous entrâmes laissait sortir, à droite, une rivière qui était déjà assez grande. De l'un et l'autre côté du chemin, les rochers souvent à pic étaient couverts de verdure, de sorte que nous marchâmes presque constamment sous des berceaux frais et agréables. La montée peu rapide est très commode à faire à cheval, mais très fatigante quand on est comme nous en voiture, parce que des blocs de marbre et de granit, épars çà et là, encombrent la route. Il ne faudrait que peu de travail et peu de frais pour la rendre roulante d'un bout à l'autre; mais les Turcs n'entretiennent rien. Après une ascension d'environ trois heures, nous entrâmes dans un vallon très agréable, traversé par une petite rivière sur laquelle se trouve un moulin, et, près de là, une auberge. Sortant du vallon nous montâmes de nouveau, pendant un même espace de temps, par un chemin un peu plus doux que le précédent, et nous arrivâmes sur un grand plateau tout labouré, où est bâtie une petite ville assez jolie, appelée Icklima. Après Icklima, vous n'avez plus de pierres, il ne reste jusqu'à Belgrade qu'un chemin de terre excellent dans la bonne saison, mais très mauvais dans l'hiver, qui, presque partout, est boisé de deux côtés. Nous montâmes encore un peu, mais doucement; après nous descendîmes dans la plaine au milieu de laquelle se trouve Sophia. Cette plaine qui n'est pas fortement ondulée doit avoir environ douze à quatorze heures de long sur six à sept de large; elle s'étend du sud-est au nord-ouest; nous la traversâmes dans cette direction; ses deux côtés sont bordés de montagnes. A son entrée est le petit village de Genihan et à sa sortie est Kalkali, distant de Sophia l'un et l'autre de six heures ou neuf lieues de poste. Quelques heures avant d'arriver à Sophia nous traversâmes une espèce de dédale formé par de nombreux ruisseaux qui devaient prendre leur source dans le voisinage. Ces ruisseaux coulaient au milieu de saules qui nous cachaient tellement la direction que nous avions à suivre, que souvent nous ne vîmes pas à dix pas devant nous. L'eau qui coule efface les traces des voitures de manière à montrer comme impossible la sortie de cet inextricable réseau de ruisseaux et d'arbres. Elle passait parfois par dessus les essieux, mais le fond étant caillouté, les chevaux n'avaient pas grand'peine à traverser les gués. Dans l'espace d'un bon quart, nous passâmes l'eau douze à quinze fois. Au sortir de là Sophia se montra devant nous, ville assez grande mais triste, toute bâtie en briques cuites au soleil. Nous ne fîmes que la traverser et nous allâmes passer la nuit à Kalkali. Dans les deux journées suivantes, que nous mîmes pour aller de Kalkali à Nissa, nous descendîmes et montâmes alternativement, mais les descentes étaient plus longues que les montées. Nissa est située dans une plaine, comme Sophia, mais cette plaine est beaucoup plus petite. Une large rivière coule à travers et se dirige vers le nord-ouest. Toutes celles que nous avions vues jusque-là coulaient plutôt vers le midi. En arrivant dans la ville de Nissa, nous nous arrêtâmes au khan; mais nous le trouvâmes tellement sale, tellement délabré que nous ne voulûmes pas y rester. Nous fîmes signe à notre conducteur de nous conduire vers le gouverneur, afin qu'il nous donnât un logement en ville. Comme nous n'avions pas prévu ce cas dans notre vocabulaire écrit, nous fûmes assez long-temps sans qu'il comprît ce que nous voulions lui dire ; à la fin, à force de gestes et de mimes, il fut porter notre requête au gouverneur. Aussitôt un cawash nous arriva, qui nous mena dans la maison d'un riche bulgare. Le maître de la maison nous prépara une chambre commode et très propre. Nous ne pûmes lui faire nos excuses des embarras que nous lui causions, qu'en recourant de nouveau à nos signes ; mais au bout de quelque temps nous vîmes entrer un Grec de Corfou, qui était médecin à Nissa et qui parlait italien. Notre hôte l'avait envoyé quérir afin qu'il nous souhaitât de sa part la bienvenue, et qu'il nous demandât ce que nous voulions pour manger. Je fus si content de trouver à qui adresser quelques questions auxquelles on pût me répondre, que j'aurais volontiers embrassé le Corfiote qui eut la complaisance de rester avec nous une grande partie du temps que nous passâmes à Nissa. Aujourd'hui encore j'en conserve un souvenir de joie qui ne me quittera pas. Notre hôte nous accabla de prévenances, comme si nous avions été des amis de son choix et non des étrangers imposés. Je ne fus pas long-temps sans m'apercevoir qu'ici, comme dans les autres provinces de la Turquie, tout ce qui n'est pas musulman conserve un sentiment de nationalité distinct de celui de son gouvernement, et que les anciens possesseurs du pays ne regardent la loi turque que comme une loi d'oppression transitoire imposée par la force, et à laquelle il sera toujours juste de se soustraire quand on le pourra.

On peut s'estimer hors des Balkans qand on est à Nissa, quoique le chemin de là à Belgrade soit encore montueux. En partant de Nissa nous arrivâmes le soir à Rasna, première ville de Servie. Les Bulgares, comme les Serviens, sont chrétiens du rit grec; leurs petites habitations, construites de boue et couvertes de chaume, annoncent la misère, cependant la population est forte et robuste, ce qui contraste avec l'aspect misérable de leurs huttes; leurs richesses consistent en bétail de toute espèce; les Bulgares sont plus bruns que les Serviens; ces derniers paraissent jouir d'un peu plus d'aisance, nous y remarquâmes plus d'activité, plus de travail. En Servie le culte chrétien est entièrement libre. Nous y fûmes surpris agréablement par le son des cloches que nous n'avions pas entendu depuis si long-temps. Les Bulgares, comme les Serviens, se coiffent d'une calotte en peau qui a conservé son poil; leurs habillemens consistent dans un surtout sans plis et des culottes turques. Leurs souliers sont faits de peaux d'animaux non tannées et attachés au pied avec des lacets; les femmes ont la même chaussure, et elles portent en outre de longues chemises brodées en couleur, dont tout le bas, ainsi que les manches, dépassent les habits de dessus. Leur vêtement supérieur est une espèce de blouse unie, tenue fermée sur le devant par une ceinture de couleur variée, qui s'agraffe au bas du ventre, entre deux larges plaques de métal ciselé. Elles sont coiffées d'un mouchoir blanc serré autour de la tête et qui pend en voile par derrière. Elles portent de plus un tablier très étroit et de couleur tranchante, quelques unes en portent deux, un par devant et l'autre par derrière.

De Rasna à Belgrade le terrain ne varie plus, c'est toujours, à droite et à gauche, des bois de haute futaie et quelques éclaircies auprès des villages. En sortant de Rasna nous passâmes de nouveau une rivière sur un long pont en bois. C'est probablement la même que nous avions rencontrée à Nissa sur notre gauche, nous la laissâmes maintenant à droite. Nous traversâmes ces hautes futaies pendant trois jours jusqu'à Yarzik, et débouchant près de là nous aperçûmes devant nous le large et paisible Danube. Nous espérâmes ne plus le quitter jusqu'à Belgrade, mais nous fûmes obligés de remonter de nouveau les collines et de le perdre de vue. Enfin nous vîmes Belgrade, placé près de la Save et du Danube, une heure environ avant d'y arriver. Là encore tout s'écroule et se dégrade, comme tout ce qu'on voit en Turquie. Avant de quitter cette Turquie, qui, comme administration financière, est le plus pitoyable pays du monde, je ne puis sans ingratitude me taire sur la liberté parfaite dont jouissent les étrangers qui la visitent; nulle part les autorités ne vous inquiètent, partout vous les trouvez prêts à vous rendre les services qui dépendent d'eux. C'est comme un hôte et un ami qu'ils vous reçoivent. On vous demande rarement vos passeports, on ne visite jamais vos malles, vos papiers sont sacrés, la terreur inquiète et l'avide fiscalité des gouvernemens civilisés ne pèsent pas sur le voyageur. La population turque est bonne et confiante. Quand dans ce pays-là un crime se commet, c'est presque toujours un Grec ou un protégé Franc qui en est l'auteur, et il est rare qu'un étranger ait eu à se plaindre d'un Osmanli. J'ai senti plus fortement que jamais ce que cette liberté a de précieux à mon arrivée sur les frontières d'Autriche. La description que je ferai de mon passage à travers cet empire, suffira de reste pour justifier ce que j'avance. A Belgrade, nous fîmes nos adieux à notre conducteur, dont nous avions été très contens, et nous nous embarquâmes dans un lourd et pesant canot pour traverser le confluent de la Save et du Danube et rejoindre le lazaret de Semlin.

---

## XXXV

### Semlin et la Quarantaine.

Après une heure de traversée sur cet immense confluent, dont les eaux ne présentent guère plus de mouvement que celles d'un lac, nous débarquâmes à quelque distance du lazaret. Je m'attendais à trouver au lieu du débarquement des gens de service établis pour indiquer ce que l'étranger arrivant devait faire. Il ne s'y trouvait personne, et nous fûmes obligés de prendre nos bateliers pour nous conduire et transporter nos effets. Nous n'avions aperçu dans tout notre trajet que des factionnaires autrichiens se promenant de distance en distance sur les rivages solitaires du Danube, dont les bords ne sont élevés qu'un peu au dessus de la rivière qu'ils sont destinés à contenir. Arrivés au parloir, l'employé qui devait nous recevoir était absent; on fut le chercher. Pendant ce temps, nous visitâmes le grand parloir où les personnes de Belgrade viennent communiquer avec celles de Semlin ; ce lieu était comme un marché public ; les acheteurs et les vendeurs, séparés par une double grille, y faisaient leurs affaires à travers les barreaux. L'employé arriva au bout d'une heure ; il inscrivit nos effets et prit nos papiers pour les rendre à notre sortie dûment examinés et visés. Quand cette opération fut sur le point de se terminer, l'interprète qui assistait l'écrivain nous fit comprendre que nous devions donner de l'argent à ce dernier pour reconnaître son zèle, et cela après qu'il nous avait fait attendre une heure. Il promit que par ce moyen il arrangerait nos affaires de manière à aplanir toutes les difficultés que nous pourrions avoir à notre sortie de quarantaine. Il nous fixa même le minimum de la somme ; nous la donnâmes, ne sachant pas à quels embarras nous pourrions nous exposer par notre refus. Dans tout mon passage à travers l'empire d'Autriche, j'ai vu avec dégoût l'impudeur avec laquelle les employés de tout genre demandent de l'argent, souvent même quand ils remplissent des fonctions qui doivent vous contrarier. Ce ne sont pas seulement les simples employés qui vous font ces demandes ; ceux même avancés en grade dans les administrations ne rougissent pas d'une pareille démarche, directe ou indirecte. Dans tous les cas, ils reçoivent l'argent directement. En France, avec nos idées de délicatesse et d'honneur, une telle conduite serait intolérable. Quand fut terminée la minutieuse opération de tout inscrire, depuis un col de chemise jusqu'à un dernier grain de chapelet, nous fûmes introduits dans une grande enceinte occupée par de petites maisons entourées de grillages, ayant quelque ressemblance avec les cabanes des animaux du Jardin-des-Plantes; ces maisons n'ont qu'un étage qui est surmonté d'un grenier. Un gardien y entre en quarantaine avec vous; il vous sert de domestique quand vous en avez besoin et se charge de ventiler vos objets. Vous ne trouvez dans ce logement pour tout meuble qu'un lit de camp, une table et une chaise; le reste, vous le louez. Comme nous traversions la grande cour où toutes les marchandises qui subissent la quarantaine étaient étalées, nous vîmes les figures des reclus, dont nous allions bientôt partager le sort, collées contre les grillages, qui nous examinaient passer. C'est une jouissance qu'on se procure quand on est privé de sa liberté, de regarder passer ainsi les personnes qu'un même sort attend, ou celles dont la détention finit et auxquelles on va donner la clef des champs, que soi-même on doit recevoir plus tard. Aux unes, on souhaite la bienvenue, et aux autres, le bon voyage. Nous fûmes promptement installés dans notre nouvelle demeure, et toutes nos dispositions furent bientôt prises pour y passer les dix jours pleins que devait durer la quarantaine.

Tant que nous fûmes occupés, soit à subir la minutieuse visite des employés de l'entrée au lazaret, soit à préparer tout ce qui avait rapport à notre séjour, nous ne songeâmes pas à toute la solitude qui nous attendait. Mais après avoir soigneusement visité l'intérieur et les limites de notre domaine, il nous restait encore tant de temps, jusqu'à l'heure de notre coucher, que nous ne sûmes véritablement qu'en faire; et pensant que dix jours pareils m'attendaient dans cette même demeure avec ces mêmes barreaux devant moi, je les croyais un siècle. Je compris alors à quel point l'amour de la liberté peut dominer un prisonnier, et tout ce qu'il peut entreprendre sous l'influence d'une telle idée. Je n'ai senti aussi vivement cette impression que cette première soirée; j'avais tout de suite reconnu la nécessité de me créer une occupation dans cette solitude, et elle n'était pas difficile à trouver. Les notes de tout un voyage à rassembler, une correspondance arriérée à mettre en ordre, devaient m'occuper bien au delà du temps de ma quarantaine, et j'en vis approcher la fin sans avoir éprouvé trop d'impatience. Chaque jour je voyais arriver avec plaisir le moment des repas; c'était un événement dans cette vie retirée, et la promenade d'une heure qui les suivait se passait doucement en conversation avec le compagnon de ma solitude. En prison, un ami ne doit pas vous garantir de l'ennui si vous vous trouvez avec lui en communication constante pendant toute la journée; mais il doit être d'une ressource très grande quand vous savez restreindre cette communication, et n'accorder que quelques heures réglées à ce commerce journalier. Alors vous attendez avez un vif désir l'arrivée de ces heures, et vous vous quittez avant que la satiété ne survienne. Le grand point, quand on est enfermé comme quand on est dans le monde, c'est de ne désirer que ce qu'il est possible et permis d'avoir, de ménager ses jouissances comme on ménage les alimens qu'on donne à un convalescent, et alors je ne connais pas de position au monde qui ne soit au moins supportable pour celui qui sait ainsi borner et régler ses désirs. Pendant notre tranquille séjour dans ce lazaret, nous fûmes témoins d'un événement qui fit quelque bruit parmi ses habitans, et qui causa des allées et des venues multipliées. Une femme, jeune et jolie, s'était sauvée de Belgrade ; elle était parvenue, avec sa femme de chambre, à se soustraire aux yeux d'une famille qui la surveillait. Un canot l'avait déposée sur le territoire autrichien, et elle s'était réfugiée au lazaret. Cette jeune femme était celle de ce Juif qui avait été condamné à Constantinople pendant notre séjour dans cette ville. Dès qu'elle eut appris l'histoire de son mari, elle résolut de quitter le domicile conjugal et de se réfugier auprès de son père à Vienne. La mère et les frères du Juif, se doutant de ses projets, la surveillaient activement et restreignaient sa liberté autant qu'ils pouvaient décemment le faire. Elle trompa leur vigilance et s'enfuit. Le lendemain de son arrivée au lazaret, tous les proches parens de son mari vinrent l'engager à retourner avec eux, lui faisant les plus brillantes et les plus magnifiques promesses. Elle tint ferme, refusa tout et continua sa quarantaine. Nous ne nous attendions certainement pas de voir au lazaret de Semlin une suite du drame dont nous avions été témoins à Constantinople.

Le jour de notre départ, quelques heures avant de sortir, nous reçûmes la visite de la douane; chaque chose qui nous appartenait fut pesée et enregistrée, depuis la pomme des cèdres jusqu'au rameau de palmier. Quand on eût fait cette opération en détail, il fallut faire ensuite une pesée générale. Les caisses qui contenaient nos objets furent ficelées et plombées, et une caution de la ville devait en répondre. Heureusement que nous avions été recommandés à un négociant de Semlin qui nous servit dans cette circonstance ; sans cela, tous les objets que nous destinions pour la France auraient dû rester au lazaret, et auraient éprouvé le sort de ma petite provision de tabac de Lataquie, qui ne put pas traverser l'empire autrichien, même sous plomb, dans la crainte de nuire aux trois ou quatre régies différentes que nous rencontrâmes en route. La demi-livre que je pris sur moi, comme la destinant à mon usage, se trouva enlevée n'étant encore qu'à Vienne. A chaque instant, des employés venaient me demander si j'avais du tabac sur moi ; je leur répondais oui, en montrant celui que je portais. Vous en avez trop, était leur réponse, et ils mettaient la main dans le sac pour en enlever une poignée. Je trouvai cette manière de s'approvisionner fort commode pour eux. Enfin, en arrivant aux portes de Vienne, l'employé de service fit la grimace en voyant que ses camarades des autres postes en avaient laissé si peu. Trouvant cependant qu'il y en avait encore trop, il vida le reste, et ne m'abandonna que de quoi charger une demi-pipe. Dans notre traversée d'Allemagne, chaque fois que nous voulions partir par les voitures publiques, d'une ville pour une autre, quoique nos papiers fussent bien visés et parfaitement en règle, il fallait que nous allassions demander une permission spéciale à la police, indiquant le lieu, le jour et l'heure de notre départ. Ainsi nous étions toujours obligés de savoir vingt-quatre heures d'avance le moment où nous voulions quitter la ville, et de passer une heure ou deux dans les bureaux pour obtenir le permis. Les voitures publiques sont fort commodes, bien desservies et roulent sur de beaux chemins ; le seul inconvénient qu'elles offrent consiste dans ce qu'elles ne prennent avec elles que vingt livres de bagages ; ce qui oblige à faire, de distance en distance, un séjour forcé pour attendre les malles en retard. Cette suspicion si grande que le gouvernement autrichien étend sur les étrangers, ces petites contrariétés de détails qui les fatiguent, ne pèsent pas, je pense, sur ses sujets. Il faut qu'il soit plus doux, plus confiant pour certains d'entre eux ; car de tous les pays que j'ai parcourus, je n'ai rencontré contens de leur gouvernement que les habitans de l'Autriche proprement dite, et ce contentement ne pourrait pas exister avec ces soupçons tracassiers de la part de l'administration publique. Partout ailleurs, j'ai vu malaise et désaffection dans les peuples. Quand définitivement nous eûmes tout réglé avec la douane et la police, et fait un peu de séjour dans la ville de Semlin, nous nous remîmes en chemin. Mais, cette fois-ci, nous n'allions pas être privés de communications avec les habitans des pays que nous devions traverser ; partout nous allions trouver des personnes qui pouvaient nous comprendre et que nous comprendrions. Sous ce rapport, notre position était infiniment meilleure ; mais le désir de savoir diminuait avec la possibilité de le satisfaire, et l'intérêt décroissait avec une civilisation plus avancée ; ce qui nous rendait ces communications moins précieuses. Que pouvions-nous apprendre dans ces grandes et fertiles plaines de la Hongrie, où des villages propres et réguliers sont placés comme les tentes d'un camp, près duquel est la cantine et le pavillon du général, représentées ici par l'auberge du pays et le château du seigneur, sinon des détails de servitude et de domination, et cela n'est pas nouveau ? La vue de tant d'hommes rangés comme des soldats en file sous la volonté d'un seul m'affligeait et m'attristait. Ces hommes, obligés en quelque sorte de vivre et de mourir où ils sont nés, sevrés du reste de la terre, me paraissaient condamnés à de nouveaux supplices de Tantale ; le monde était ouvert devant eux, et la glèbe les attachait à leurs cabanes. Les villes ont plus de liberté ; il y a là plus de force réunie, par conséquent moins d'oppression individuelle à craindre. Dans ce pays, les chemins sont tracés à travers champs par les seules roues des voitures qui passent ; il sont sans fossés et sans limites. Nous traversâmes le Danube à Peterwardein, et nous le retrouvâmes à Pest, où nous nous rendîmes par Theresienstadt. Cette dernière ville, avec ses larges rues et ses grandes places où l'herbe croît, semble bâtie dans une solitude. Les habitans paraissent plutôt relégués dans ces lieux que vivant dans une patrie.

Pest, au contraire, est une belle ville, très animée et très élégamment construite : c'est la ville du commerce et de l'argent. Vis-à-vis d'elle, plus sombre et plus lourde, est Bude, la ville de la féodalité et des titres. Toutes deux communiquent ensemble par un pont de bateaux; cette communication fragile, que la nécessité seule a fait construire, n'existerait même pas, si cette dure nécessité n'obligeait les antipathies les plus fortes à s'effacer : ces deux villes se regardent, de l'un et de l'autre côté du Danube, comme deux chiens hargneux qui se portent envie réciproquement. Le commerce voudrait avoir la considération que donnent les titres, et la noblesse les jouissances que procure l'argent. Ces choses se voient ailleurs que dans la Hongrie. Rarement on les avoue; mais le dédain et la haine réciproques les mettent suffisamment au jour. Les mêmes chevaux et la même voiture nous avaient conduits jusqu'à Pest; de là nous prîmes la poste jusqu'à Vienne.

# XXXVI

## Vienne.

En fait de capitales, je n'avais encore vu que les villes de Paris et de Constantinople. Chacune a son air particulier de grandeur, différent l'un de l'autre, mais offrant cet aspect d'universalité qu'on s'attend à trouver dans une ville qui est censée être un raccourci de tout un royaume, le point de mire des étrangers qui la visitent, et une espèce de bazar universel. Vienne ne présente pas cela : c'est plutôt une ville de propriétaires riches et tranquilles, de seigneurie féodale et de bourgeoisie; non de cette bourgeoisie d'à présent, à l'allure indépendante, anticipant sur ses bénéfices de demain pour jouir aujourd'hui, mais de cette bourgeoisie de corporations, si cossue, qui faisait consister son luxe dans les ornemens travaillés et dans la richesse jointe à la solidité, et non dans le bon goût, l'élégance et le clinquant; qui tenait avec autant d'orgueil à laisser à ses enfans son enseigne et sa maison, qu'un roi à laisser son royaume à ses héritiers. Aussi vous trouvez à Vienne les rues peu larges, point droites, propres, et les places petites, irrégulières. Les maisons, solidement maçonnées, sont chargées de sculptures et d'ornemens, souvent sans goût, mais très bien entretenues. Les fontaines et les monumens publics, remarquables par le travail long et minutieux qu'il a fallu y consacrer, étonnent souvent par la bizarrerie de leurs formes, et sont pour la plupart entourées d'hôtels qui les absorbent.

Les boutiques, richement fournies, n'étalent sur les rues que des enseignes grossières; si le soir vous revenez chez vous à dix heures, vous marchez dans la solitude et l'obscurité; vous ne voyez plus que quelques réverbères publics qui vous éclairent tout juste assez pour retrouver votre maison et ne pas courir contre les bornes.

J'ai cherché avec intérêt un monument que je croyais devoir trouver à Vienne : j'ai acquis la triste certitude qu'il n'y existait pas. Je veux parler de celui que je supposais avoir été élevé à Sobieski, à ce roi de Pologne, qui a délivré la capitale de l'Autriche, et dont le sabre puissant a été la digue contre laquelle l'irruption de l'Asie est venue se briser. Je pensais : si Vienne existe, s'il existe un empereur d'Allemagne, c'est à la Pologne qu'on le doit, et certainement la reconnaissance et l'admiration auront fait élever un monument digne d'un des plus importans et des plus beaux faits de l'histoire. Mais rien n'existe, pas même une simple pierre, pour constater le courage et le sang versé par cette héroïque Pologne.

Maintenant, en effet, un tel monument y serait bien mal placé : car quel Autrichien pourrait regarder sans rougir l'image de son libérateur, après avoir aidé à spolier son héritage ?

L'empereur François n'était pas à Vienne pendant le séjour que j'y fis ; j'appris que quand il y était, il s'y promenait souvent fort tranquillement, comme un des bons habitans de la ville ; chacun alors pouvait lui exposer ses réclamations et ses demandes, comme on les expose à un ami qui est à même de vous faire rendre justice. Il était aimé et vénéré de tous. Qu'il y a loin de cela aux habitudes de Paris et de la France, où l'on ne supporte un roi et un gouvernement que comme un mal nécessaire, et où l'on ne peut plus croire à l'affection et au désintéressement de ceux qui gouvernent, tant l'égoïsme et les mauvaises passions ont pénétré dans tous les cœurs !

A Vienne, il y a une infinité d'institutions admirables dont nous n'avons aucune idée, que nous ne pourrions même pas établir avec le peu de foi publique que nous avons ; je veux parler des caisses d'invalides ; les domestiques et les ouvriers de tout genre peuvent, moyennant une rétribution hebdomadaire déposée dans une caisse à ce destinée, assurer pour leur vieillesse une pension connue d'avance : de manière qu'on ne voit pas à Vienne, réduits à solliciter la commisération publique, les bras vieillis que le travail ne peut plus nourrir. On m'opposera peut-être nos caisses d'épargne qu'on voit s'établir avec une merveilleuse rapidité ; je ne conteste pas leur utilité, et c'est peut-être, dans l'état actuel des esprits, la seule manière en France d'opérer le bien en ce genre; mais je pense que tout le monde avouera avec moi qu'elles ne se seraient pas établies si on n'avait pas accordé la faculté de reprendre d'une main ce qu'on y verse de l'autre. Qui aurait voulu déposer ses économies avec l'impossibilité d'en jouir, je suppose, avant trente ans? Aucune caisse d'épargne n'aurait prospéré à ce titre. On me dira que, dans le cas de maladie, de malheur quelconque, l'ouvrier doit pouvoir jouir de l'argent qu'il a mis en réserve dans sa prospérité. Il est préférable, en effet, qu'il puisse reprendre cet argent que de mourir de faim; mais il vaudrait infiniment mieux que des institutions fussent là toutes prêtes à porter du secours à ce malheureux, et à ne pas l'obliger, dès le premier jour où il sera sans ouvrage, à manger ce qu'il a épargné à la sueur de son front. En France, le gouvernement ne peut rien directement dans cette grave matière, par la raison qu'on ne lui reconnaît ni assez de probité, ni assez d'avenir. Il ne peut favoriser ces établissemens utiles que par une bonne et large loi sur les associations. Alors les individus iront chercher ceux en qui ils ont confiance, et trouveront partout des gens qui consacreront en entier ou en partie leur temps et leur fortune à exercer ce patronage de bienfaisance. Il ne s'écoulerait peut-être pas trente ans avant que la majeure partie des ouvriers n'eût son avenir assuré. Quelle consolation pour l'humanité et quel gage de sécurité pour la société! Si nous sommes destinés à vivre, le temps nous amènera tout cela. Mais jusqu'à quel degré la misère de l'ouvrier devra-t-elle s'accroître avant qu'on en vienne à reconnaître la nécessité de ces mesures ? Je n'en sais rien. Si Dieu se trouve las de punir la France, s'il a jeté sur elle un œil de miséricorde. Nous sommes dans une position unique pour voir surgir de tous côtés des admirables institutions de charité, dont on trouve peut-être le germe dans le passé, mais qui acquerront un développement que même jamais époque n'a soupçonné. Tout le monde avoue que nous sommes dans une époque de transition. Une nouvelle société se forme ; elle se débat encore entre les souvenirs du passé et les craintes de l'avenir qu'elle n'a pas sondé. Tous les vieux obstacles sont détruits, et le bélier dont on s'est servi est maintenant inutile et sans force. Il n'y a plus de ruines à faire ; on ne se bat plus que pour ou contre un homme, pour ou contre une place ; cette guerre est mesquine et ridicule ; et l'on a beau se draper comme au théâtre, le dégoût devient universel, quelque masque qu'on emprunte. Ainsi tout est merveilleusement disposé pour fonder. Ceux qui commencent, hésitent ; peut-être est-ce prudence, peut-être est-ce trop peu de foi encore ; souvent aussi une sage lenteur mène plus sûrement au but. Parmi eux, une trompette sonore et éclatante s'est fait entendre, qui a fait assez de bruit pour réveiller, mais qui n'avait pas assez d'harmonie pour conduire... Le réveil s'est fait, et l'instrument devenu inutile a été brisé. Maintenant, que chacun travaille dans le cercle où Dieu l'a placé, qu'il exerce la charité, toujours la charité dans toute l'étendue de ce mot, envers tous et pour tous, et bientôt l'avenir de la France sera connu.

Je me suis séparé à Vienne du compagnon de voyage qui me restait encore, de M. Amédée de Parseval ; son itinéraire était tracé par Munich et Strasbourg, et le mien se dirigeait par Francfort et Cologne. Cette séparation ne se fit pas sans émotion, et je ne me suis arraché qu'avec peine à ce dernier compagnon de mon pèlerinage en Orient.

---

## XXXVII

### Prague.

Pas un monument en particulier n'a fixé mon attention à Vienne. J'en suis parti pour Prague, le 23 août, sans y rien regretter, et avec le vif désir de voir les illustres exilés qui ont choisi cette capitale de la Bohême pour y faire leur résidence. Je n'ai jamais éprouvé le besoin de voir un roi sur le trône; tandis qu'un roi malheureux, un roi détrôné, a toujours été pour moi un objet de vénération et d'amour. Est-ce parce qu'il existe une étroite sympathie entre l'homme et le malheur, et que le malheur est en quelque sorte une des conditions de son existence? Je n'en sais rien. Je ne m'en suis jamais rendu compte; un sentiment d'instinct me pousse ainsi. Dès mon arrivée à Prague, j'appris que Charles X venait de céder le palais de la ville à l'empereur François, et qu'il s'était retiré avec sa famille à Bustichread. Je quittai les fêtes impériales; je laissai là les réceptions officielles, les revues et les illuminations, et toutes ces parades que le peuple admire et auxquelles il court, pour visiter le roi déchu, le roi devenu homme. C'était le 25 août, jour de la Saint-Louis, que je fus à Bustichread; là aussi une fête était préparée, une fête de famille, simple et sans luxe, telle qu'on aurait pu la deviner. Dans le parc, qui est séparé du château par le grand chemin qui conduit au village, se trouvait un berceau de verdure nouvellement arrangé, qui ombrageait un trône en gazon, tapissé d'une bande de fleurs, d'un pied de haut sur trois de long, au milieu de laquelle des fleurs séparées formaient le chiffre de Mademoiselle, dont on célébrait la fête. Au dessus de ce chiffre était l'écusson de France; un petit parterre était fait au devant du berceau. Il n'y avait là ni gardes pour défendre ce frêle monument de l'amitié fraternelle, ni personne pour en éloigner les curieux. Cependant pas une feuille ne fut dérangée. Vers une heure, le duc de Bordeaux y conduisit sa sœur et jouit de la douce surprise que la vue de ce trône improvisé lui causa. D'autres enfans étaient mêlés avec ces deux enfans, et tous jouèrent ensemble. Leurs jeux consistaient à aller, chacun à son tour, les yeux bandés, frapper avec un bâton sur un pot de terre attaché sur un piquet, pour essayer de le casser. Dans ces jeux, il y avait bien une justice matérielle, égale pour tous; c'est-à-dire, que tous les enfans, sans exception, avaient bien et dûment les yeux bandés, et ne recevaient des prix que d'après leur bonheur ou leur adresse; mais une vingtaine de personnes qui assistaient à ces jeux n'avaient pas la même justice dans la distribution des éloges. Les maladresses du jeune prince étaient passées sous silence ou excusées; ses coups d'adresse étaient célébrés par des applaudissemens à tout rompre. Ces mêmes personnes souriaient quand un autre enfant était maladroit, et se montraient infiniment plus sobres dans la distribution des éloges.

Je vis que pour des enfans, être camarades d'un prince avait déjà ses inconvéniens; et que dans l'exil même, les grands ne sont pas à l'abri de cette flatterie qui souvent les perd quand ils sont investis de toute leur puissance. J'entendais la voix du duc de Bordeaux par dessus toutes les autres, elle était forte et arrêtée; les mouvemens de ce prince sont souples et son allure est décidée; il a les cheveux d'un blond clair, le teint frais et la figure un peu grosse; il était habillé d'un pantalon blanc à plis, et portait une veste de drap vert, à collet de velours de la même couleur; cette veste lui serrait fortement la taille. J'examinai cet enfant avec une curiosité attentive... A quoi son existence est-elle réservée? Dieu le sait; mais il me paraît qu'avec sa voix forte et sonore et sa démarche décidée, si un jour il se trouve mêlé dans les affaires de la France, il ne quittera la partie que quand elle sera complétement perdue.

Avant d'être témoin de ces scènes d'enfance, j'avais assisté le matin à la messe dans la chapelle, et ensuite à la revue d'une compagnie de mineurs des environs. Cette revue se faisait dans une des salles du château. Là, je pus tout à loisir contempler les traits de cette famille si éprouvée par le malheur et si touchante dans sa mauvaise fortune. La figure de Charles X, quoique vieillie, conservait toujours ce caractère de bonté et de bienveillance qui de tout temps en a fait un homme qu'on devait aimer. Madame avait le maintien et le regard sévères, tels que sa jeunesse les lui a donnés, et qu'on lui pardonne à cause de ses indicibles douleurs. Le duc d'Angoulême paraissait presque aussi vieux que son père.

L'autorité de ces personnes qui ont commandé à la France ne dépasse plus les limites de ce château : quelles vicissitudes et quels contrastes !!! Elles y paraissent vivre dans une résignation et une tranquillité réelles. Quelques vieux amis les entourent de leur affection respectable ; mais, à côté de ce dévoûment désintéressé, à côté de cette sagesse que donne le malheur, on voit d'autres gens qui aussi se disent amis, qui le croient peut-être, jeter leurs passions haineuses et leur attachement à vues personnelles au milieu de cette existence calme et l'agiter, comme les brins de paille que le vent emporte agitent la surface de l'eau sans en remuer la profondeur. L'homme ne trouve donc nulle part ici un port assuré, ni un abri sûr ; il faut donc qu'il attende au delà de la tombe, puisque ni la vieillesse, ni l'adversité ne peuvent l'offrir.

Je quittai Bustichread au milieu des mille pensées que sa vue avait éveillées dans mon esprit ; je me demandai : qu'est-ce donc qu'un roi, si ce n'est un homme placé à la tête des peuples pour remplir une mission confiée par Dieu dans l'intérêt de ces mêmes peuples ? Sa mission finie ou méconnue par lui, Dieu l'éloigne ; une nouvelle puissance surgit, soumise aux mêmes phases. Aucune loi écrite, aussi vieille qu'elle soit ; aucun usage établi, ne peut prescrire contre cette loi éternelle, contre cette nécessité des peuples d'avoir à leur tête l'homme qui doit les conduire dans les voies tracées par celui qui gouverne le monde.

Au milieu de ces réflexions, je rentrai à Prague, que je trouvai resplendissant de lumière ; le peuple était dans la joie, et l'empereur recevait toutes ces marques d'enthousiasme probablement sans songer que tout cela n'est que de la fumée que la moindre brise peut faire changer de direction, et porter vers celui de qui aujourd'hui elle s'éloigne.

Le lendemain, je partis pour Dresde.

---

# XXXVIII

## Fin du Voyage.

Quand un Français, en parcourant l'Allemagne, arrive en Saxe, il y respire plus à son aise ; car il y trouve plus d'amitié, plus d'affection. Je crois que la Saxe est la seule partie de l'Allemagne où le peuple a conservé de la sympathie pour la France ; le peu de séjour que j'y fis me fut d'autant plus agréable que, depuis ma sortie du Liban, je ne m'étais plus ainsi trouvé en famille. Dresde, sa capitale, est plus agréable que Vienne. C'est une ville coquette, mais de cette coquetterie allemande douce et naïve. Ses promenades, donnant sur l'Elbe, sont gracieuses. Des monumens un peu bizarres, offrant un caractère qu'on ne sait comment qualifier, concourent à vous entretenir dans cette molle douceur que la vue de la ville vous inspire. Les jours que j'y ai passés se sont écoulés promptement, et ce n'est pas sans regret que je l'ai quittée pour me rendre à Francfort, ville libre, où on proclamait les empereurs d'Allemagne ; la salle où cette proclamation avait lieu est tout entourée de boiseries en panneaux ; chaque panneau renferme le portrait d'un empereur d'Allemagne ; le premier commence à gauche, près du balcon qui donne sur la place ; les autres suivent à la file, et font ainsi le tour de la salle, pour se terminer à droite près du balcon, vis-à-vis du premier. Le dernier panneau contient le portrait de l'empereur François. Cette coïncidence du nombre des panneaux, égalant le nombre des portraits, est singulière : car les boiseries et la salle sont antiques, et on n'a pas pu d'avance calculer le nombre de cadres nécessaires pour tous ces portraits, et justement les empereurs d'Allemagne finissent quand le dernier panneau est rempli. Car aujourd'hui il n'y a plus que des empereurs d'Autriche. La ville de Francfort est animée, riche, populeuse ; elle renferme quelques monumens remarquables d'architecture gothique. J'ai abandonné à Francfort les diligences allemandes, si commodes, et une voiture particulière m'a conduit à Mayence, si funeste à nos soldats dans nos désastres de 1814, par la contagion qui régnait dans ses murs. Des bateaux à vapeur partent journellement de cette ville pour Cologne, et sillonnent ce Rhin dont les bords sont si admirables et si connus. Je saisis avec plaisir ce moyen de transport. Depuis si long-temps j'avais couru renfermé dans la caisse d'une voiture, que cette navigation douce, ce voyage que j'allais faire en plein air ou assis dans un salon, me souriait. En passant à Cologne, j'ai été admirer sa cathédrale. Ce monument, resté inachevé pour défier en quelque sorte le génie des architectes des siècles futurs, étonne et confond par sa masse et ses détails. Les jours suivans, j'ai traversé Aix-la-Chapelle, Liége, Bruxelles et Gand; et le 8 septembre, jour de la naissance de la Vierge, je me suis retrouvé au milieu de ma famille.

Maintenant, retourné à ma vie paisible et douce, dont des circonstances aussi extraordinaires m'avaient enlevé, le souvenir de mon voyage me paraît presque un rêve; mais un rêve d'amour et d'admiration. J'avais besoin d'écrire ces souvenirs, de les fixer. Puisse la lecture qu'on en fera contribuer à glorifier ce Dieu dont j'ai été visiter le berceau et la tombe!.......

FIN.

# TABLE.

FIN DE LA TABLE.

www.ingramcontent.com/pod-product-compliance
Ingram Content Group UK Ltd.
Pitfield, Milton Keynes, MK11 3LW, UK
UKHW012014240726
13965UKWH00002B/355

9 782012 933873